21世纪高等学校数字媒体专业规划教材

# Photoshop
# 数字图像处理与应用

司桂松 / 主编

U0215144

清华大学出版社
北京

## 内 容 简 介

本书是初学者快速自学 Photoshop CC 的实用型教材。从便于读者阅读、掌握的角度出发,内容组织依据动画、视觉传达设计、美术学等艺术类专业在不同行业对 Photoshop 应用的共同点,将选区、通道、图层、图像调整、路径及滤镜等重点应用模块独立组成单元,每个单元都配以大量有趣的实用范例,既有设计理念和思路,又有具体实践的方法和知识,符合艺术类专业学生的认知规律,能够使读者快速掌握数字图像处理与应用的技巧。

本书既可供学生使用,也可供对数字图像处理与应用的爱好者参考使用。作为教材,本书适用于普通高校艺术类、计算机类等本科生使用。对教学内容加以适当地选择并对教学计划加以恰当地调整后,本书也可供专科生使用。

**图书在版编目(CIP)数据**

Photoshop 数字图像处理与应用/司桂松主编. —北京:清华大学出版社,2017(2021.7重印)
(21 世纪高等学校数字媒体专业规划教材)
ISBN 978-7-302-48285-7

Ⅰ. ①P… Ⅱ. ①司… Ⅲ. ①图像处理软件-高等学校-教材 Ⅳ. ①TP391.413

中国版本图书馆 CIP 数据核字(2017)第 209865 号

责任编辑:付弘宇 李 晔
封面设计:刘 键
责任校对:徐俊伟
责任印制:沈 露

出版发行:清华大学出版社
    网 址:http://www.tup.com.cn,http://www.wqbook.com
    地 址:北京清华大学学研大厦 A 座      邮 编:100084
    社 总 机:010-62770175      邮 购:010-83470235
    投稿与读者服务:010-62776969,c-service@tup.tsinghua.edu.cn
    质量反馈:010-62772015,zhiliang@tup.tsinghua.edu.cn
    课件下载:http://www.tup.com.cn,010-83470236
印 装 者:三河市铭诚印务有限公司
经 销:全国新华书店
开 本:185mm×260mm    印 张:10      字 数:250 千字
版 次:2017 年 10 月第 1 版      印 次:2021 年 7 月第 4 次印刷
印 数:4501~5500
定 价:49.00 元

产品编号:075695-01

Adobe Photoshop 简称 PS，是美国 Adobe 公司旗下最著名的图像处理软件之一，集图像扫描、编辑修改、图像制作、广告创意、图像输入与输出于一体，深受广大平面设计人员和电脑美术爱好者的喜爱。

目前，几乎所有艺术类院校都将 Photoshop 作为一门重要的专业基础课程。考虑到高校艺术类相关专业对 Photoshop 教学的需求，笔者与几位长期在高校从事 Photoshop 教学的教师以及我院动画工作室的学生共同编写了这本教材，以期帮助本、专科院校从事 Photoshop 教学的教师全面、系统地讲授这门课程，使学生可以熟练运用 Photoshop 进行图像的处理和编辑。

**本书特点**

本书是初学者快速自学 Photoshop CC 的实用型教材。从便于读者阅读、掌握的角度出发，内容组织依据动画、视觉传达设计、美术学等艺术类专业在不同行业对 Photoshop 应用的共同点，将选区、通道、图层、图像调整、路径及滤镜等重点应用模块独立组成单元，每个单元都配以大量有趣实用的范例，既有设计理念和思路，又有具体实践的方法和知识，符合艺术类专业学生的认知规律，能够使学生快速掌握数字图像处理与应用的技巧。

**本书读者对象**

本书既可供学生使用，也可供对数字图像处理与应用的爱好者参考使用。作为教材，本书适合普通高校艺术类、计算机类等本科生使用。对教学内容加以适当地选择并对教学计划加以适度地调整后，本书也可供专科生使用。

**教学建议**

本书建议教学课时为 64 学时，各章节的主要内容及教学课时数见下表。

| 章 | 课 程 内 容 | 课时分配 | |
|---|---|---|---|
| | | 理论 | 实训 |
| 第 1 章 | 数字图像处理与应用概述 | 2 | 1 |
| 第 2 章 | Photoshop 快速入门 | 2 | 4 |
| 第 3 章 | Photoshop 选区 | 2 | 2 |
| 第 4 章 | Photoshop 图层 | 2 | 6 |
| 第 5 章 | Photoshop 通道与图像调整 | 4 | 8 |
| 第 6 章 | Photoshop 路径 | 1 | 4 |
| 第 7 章 | Photoshop 文字 | 2 | 6 |
| 第 8 章 | Photoshop 滤镜 | 2 | 6 |
| 第 9 章 | Photoshop 专业应用拓展 | 2 | 8 |
| 课时总数 | | 19 | 45 |

Ⅱ

**本书作者团队**

本书由司桂松主编,任龙泉、田雅岚、邓兴兴、刘春阳、杨银、迟凤利、贺鑫晨、黄彪、刘晓晔、刘敬彪、杨勇、肖彦、苟双晓、周鲁然、江莹杰、杜丽华、李文海、陈文友等参与了编写工作。由于编者才疏学浅,加之时间仓促,书中难免有不足之处,希望广大同仁和读者批评指正,以便本书再版时得到及时更正。

感谢重庆文理学院校本教材的支持。

在本书的编写过程中参考了国内有关论著(见本书参考文献),谨向这些论著的作者们致以诚挚的谢意。

与本书配套的电子课件与素材可在清华大学出版社网站 www.tup.com.cn 免费下载。关于本书资源下载中的问题,请联系责任编辑 fuhy@tup.tsinghua.edu.cn,或联系本书作者 273208083@qq.com(司桂松)。

编　者

2017 年 3 月

于重庆文理学院

# 目 录

# 第1章 数字图像处理与应用概述

## 1.1 Photoshop 简介

Adobe Photoshop，简称 PS，是由 Adobe Systems 开发和发行的图像处理软件。Photoshop 主要处理以像素构成的数字图像。使用其众多的编修与绘图工具，可以有效地进行图片编辑工作。PS 有很多功能，在图像、图形、文字、视频、排版等各个方面都有涉及。2003 年，Adobe Photoshop 8 更名为 Adobe Photoshop CS。2013 年 7 月，Adobe 公司推出了新版本的 Photoshop CC，自此，Photoshop CS6 作为 Adobe CS 系列的最后一个版本被新的 CC 系列取代。截至 2016 年 12 月，Adobe Photoshop CC 2017 为市场最新版本。Adobe 支持 Windows 操作系统、安卓系统与 Mac OS，Linux 操作系统用户可以通过使用 Wine 来运行 Photoshop。

## 1.2 数字图像基础理论

本节主要介绍数字图像处理的基础知识，包括位图与矢量图、分辨率、图像色彩模式、文件常用格式等。通过对本节的学习，读者可以快速掌握这些基础知识，有助于更快、更准确地处理图像。

### 1.2.1 位图和矢量图

**1. 像素**

像素是构成图像的最小单位。当把图像放大时，可以看到一个个的格状点，每一个格状点就是一个像素，一个格子代表一种颜色。

**2. 位图**

位图又称光栅图或点阵图，一般用于照片品质的图像处理，是由许多像小方块一样的"像素"组成的图形，如图 1-1 所示。

100%位图 ——→ 放大到800%的效果

图 1-1

每个像素用若干个二进制位来指定该像素的颜色、亮度和属性。Photoshop 主要用于处理位图。

位图的特点：不宜修改，文件大，显示速度快。

### 3. 矢量图

矢量图通常无法提供生成照片的图像物性，一般用于工程技术绘图，如灯光的质量效果很难在一幅矢量图表现出来。由于矢量图与分辨率无关，因此矢量图进行放大时不会出现失真的情况，如图 1-2 所示。

100%矢量图 ──────▶ 放大到800%的效果

图　1-2

使用 Flash、Illustrator 等软件绘制出来的图像是矢量图。

矢量图的特点：易于修改，文件小，不宜用于复杂图像。

## 1.2.2　分辨率

分辨率分为图像分辨率、显示器分辨率和打印机分辨率三种。

### 1. 图像分辨率

图像分辨率是指单位面积上的像素的数量，单位是像素/英寸，分辨率的高低直接影响图像的效果，分辨率越高，图像越清晰，图像文件的大小越大。

### 2. 显示器分辨率

显示器分辨率是指显示器所能显示的点数的多少。由于屏幕上的点、线和面都是由点组成的，显示器可显示的点数越多，画面就越精细，同样的屏幕区域内能显示的信息也越多，所以分辨率是个非常重要的性能指标之一。可以把整个图像想象成是一个大型的棋盘，而分辨率的表示方式就是所有经线和纬线交叉点的数目。

### 3. 打印机分辨率

打印机分辨率又称为输出分辨率，是指在打印输出时横向和纵向两个方向上每英寸最多能够打印的点数，通常以"点/英寸"( dot per inch，dpi)表示。

## 1.2.3　图像的色彩模式

在数字图像中，经常用到的色彩模式有 RGB、CMYK、HSB、Lab 等。

### 1. RGB

RGB 颜色模式由 R(红色)、G(绿色)、B(蓝色)三种颜色构成，它是一种加色模式。RGB 是色光的彩色模式，是(红、绿、蓝)三种发光管作用于屏幕上，如显示器、电视，如图 1-3 所示。

### 2. CMYK

CMYK 模式在印刷时应用了色彩学中的减法混合原理，在印刷中通常都要进行四色分色,出四色胶片,然后再进行印刷。因此把(青、品红、黄色、黑色)四种矿物质相互混合叠加在印刷品上。它是一种减色模式,如图1-4所示。

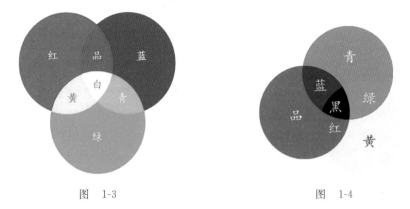

图　1-3　　　　　　　　　　　　　图　1-4

### 3. HSB

　　HSB色彩模式提供最能符合人的眼睛所看到的色调空间,是模拟人眼感知色彩的一种方法。HSB模型描述色彩比较自然,但在实际应用中需进行转换,如显示时需转换成RGB模式,打印时转换为CMYK模式,如图1-5所示。

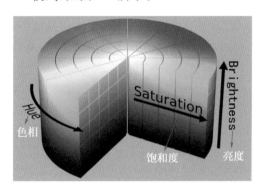

图　1-5

　　HSB模型采用色相(Hue)、饱和度(Saturation)、亮度(Brightness)来描述一个颜色(像素色),H为光谱中的单色(纯色)等级值,S为颜色纯度的等级值,B为颜色明度等级值。

### 4. Lab

　　Lab色彩模式是由国际照明委员会(CIE)制定的,它与设备无关,色调成分的某一值既可描述打印效果,又可描述显示色调。Lab的颜色光谱囊括了RGB和CMYK的颜色光谱,因此它表达的色彩空间比RGB、CMYK模型所表达颜色范围大。它也是由三个通道组成的:一个通道是亮度,即L;另外两个通道是色彩通道,即a和b。a表示从深绿色(低亮度值)到灰色(中亮度值)再到亮粉红色(高亮度值);b表示从蓝色(低亮度值)到灰色(中亮度值)再到黄色(高亮度值)。

## 1.2.4　常用的图像文件格式

　　不同文件格式的数字图像,其压缩方式、存储容量及色彩表现不同,在不同的软件应用时也有所差异,将文件保存为不同的格式,就类似于将一本书翻译成不同的语言。因而,我们首先必须了解一些常用数字图像文件的格式。如图 1-6 所示

| 名称 | 类型 | 大小 | 标记 |
|------|------|------|------|
| 1.psd | Adobe Photoshop 图像 | 1,849 KB | |
| 2.tif | ACDSee TIF 图像 | 2,227 KB | |
| 3.bmp | ACDSee BMP 图像 | 2,198 KB | |
| 4.gif | ACDSee GIF 图像 | 351 KB | |
| 5.jpg | ACDSee JPG 图像 | 463 KB | |
| 6.png | ACDSee PNG 图像 | 821 KB | |
| 7.eps | EPS 文件 | 4,947 KB | |
| 8.tga | ACDSee TGA 图像 | 2,198 KB | |

图 1-6

### 1. PSD 格式

PSD 格式是 Photoshop 内部固有的文件格式,其采用无损压缩,支持 Photoshop 可处理的任何内容,包括图层、蒙版、通道、路径、切片以及注解等。在作业尚未完成时应采用该格式。

### 2. TIF 格式

TIF 格式是一种扫描仪、桌面出版系统及电子出版 CD-ROM 系统使用的通用图像文件格式。TIF 文件允许在同一个文件中存储多幅图像。该文件又分为压缩和非压缩两类。该文件格式支持 Photoshop 固有格式的内容,包括图层、蒙版、通道、路径、切片以及注解等。

### 3. BMP 文件格式

BMP 文件格式,又称为位图文件格式,是 Windows 中的标准图像文件格式,在 Windows 环境下运行的所有图像处理软件都支持这种格式。

BMP 格式图像文件的特点是不进行压缩处理,具有极其丰富的色彩,图像信息丰富,能逼真表现真实世界。因此,BMP 格式的图像文件的尺寸比其他格式的图像文件相对要大得多,不适宜在网络上传输。BMP 格式的文件在多媒体课件中,主要用于教学情境创设、表达教学内容和提高课件的视觉效果等。

### 4. GIF 格式

GIF 格式是一种用于 Web 上常用的文件格式。该文件的数据是采用了无损压缩技术,最多支持 256 种彩色,占用空间小,在网页制作中可减少下载浏览时间。同 TIF 文件一样,GIF 文件可存储多幅图像,并具有交错显示(下载最初以低分辨率显示,以后逐渐达到高分辨率)。同时,GIF 文件可设置和存储透明色(去背处理),并支持简单的动画效果。因此该文件比较适合存储图示、按钮、标题图片以及颜色较少、构图简单的图片。

### 5. JPG 格式

JPG 格式是一种采用 JPEG 联合图片专家组标准的应用范围非常广泛的图像文件格式。该文件一般采用有损压缩编码技术。JPEG 文件支持 24 位真彩色,但不支持透明色系及动画。该文件具有较高的图像保真度和较高的压缩比。用户可根据需要选择压缩比。当压缩比为 16∶1 时,获得的图像效果与原图像难以区分;当压缩比达到 50∶1 甚至更高时,仍可以保持很好的效果。因此该文件比较适合存储照片以及在网上的嵌入。

### 6. PNG 格式

PNG 格式是一种可携带式网络图片的文件存储格式。该文件支持 48 位真彩色和透明阶层效果,同时采用了比 GIF 更有效率的无损压缩技术,保留了图像中的每个像素,但不支持动画,且此空间较 JPEG 和 GIF 要大。该文件集中了 GIF 和 JPEG 等文件格式的优点,因此也是一种重要的图像文件格式。一个用 Photoshop 去掉背景的卡通形象分别存储为 JPG 和 PNG 格式的文件,放入到有背景色的 PPT 中后,PNG 格式图片能够透出背景色,效果如图 1-7 所示。

图 1-7

**7. EPS/DSC 格式**

EPS/DSC 格式是一种用途十分广泛的 Photoshop 文件格式。Photoshop 允许使用 3 种模式保持文件：EPS、DCS 1.0 和 DCS 2.0，EPS 是其中最小的一种。DCS 1.0 可将文件分为 5 个更小的文件：青、品红、黄、黑以及一个预览文件。而 DCS 2.0 可多于 5 个文件，可保存 Alpha 通道和选择单个、多个文件保存。

**8. TGA 格式**

TGA 格式是 True Vision 公司为其显示卡开发的一种图像文件格式，创建时间较早，最高色彩数可达 32 位，其中包括 8 位 Alpha 通道用于显示实况电视。该格式已经被普遍应用于 PC 的各个领域。在影视动画及后期处理领域使用最为广泛。

除以上常见的图片格式外，还有 RAW、CDR、PDF、DWG、PIC、WMF、EMF、ICO 等图片文件格式。

## 1.2.5 文件大小

像素总量＝宽度×高度(以像数点计算)

文件大小＝像素总量×单位像素大小(B)

单位像素大小计算：最常用的 RGB 模式中 1 个像素点等于 3B，CMYK 模式 1 个像素点等于 4B，而灰阶模式和点阵模式一个像素点是 1B。

打印尺寸＝像素总量/设定分辨率(dpi)

## 1.3 Photoshop 的应用领域

Photoshop 是一款专门用于图形图像处理的软件，在众多图像处理或图像绘制的软件中，Photoshop 以强大的功能、集成度高、适用面广和操作简便而著称于世。Photoshop 软件在手绘、平面设计、网页设计、海报宣传、后期处理、照片处理等领域方面都有非常出色的应用。

**1. 手绘**

利用 Photoshop 中提供的画笔工具、钢笔工具结合手绘板(数位板)来绘制图像可以十

5

分轻松地在计算机中完成绘画功能,加上软件中的特效会制作出类似实物绘制效果,如图1-8所示。

图 1-8

### 2. 平面设计

在平面设计领域,Photoshop 是不可缺少的一个设计软件,其应用非常广泛,无论是平面设计制作,还是该领域中的招贴、包装、广告、海报等,Photoshop 是设计师不可缺少的软件之一,如图1-9所示。

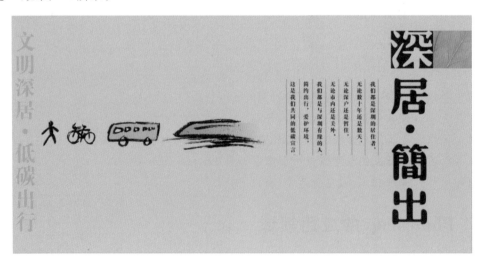

图 1-9

### 3. 网页设计

一个好的网页创意不会离开图片,只要涉及到图像,就会用到图像处理软件,Photoshop 理所当然就会成为网页设计中的一员。使用 Photoshop 不仅可以对图像进行精确地加工,还可以将图像制作成网页动画并上传到网页中,如图1-10所示。

图 1-10

### 4. 海报宣传

海报宣传在当今社会中随处可见,其中包括影视、产品广告等,这些都离不开 Photoshop 软件的参与。设计师可以使用 Photoshop 软件随心所欲地进行创作,如图 1-11 所示。

图 1-11

### 5. 后期处理

后期处理主要应用在为影视静帧作品或者建筑效果图的后期加工。使图片看起来更加生动、更加符合画面的本身的意境,如图 1-12 和图 1-13 所示。

### 6. 照片处理

Photoshop 作为专业的图像处理软件,能够完成从输入到输出的一系列工作,包括校色、合成、照片处理、图像修复等,其中使用软件自带的修复工具加上一些简单的操作就可以将照片中的污点清除,通过色彩调整或相应的工具可以改变图像中某个颜色的色调,如图 1-14 所示。

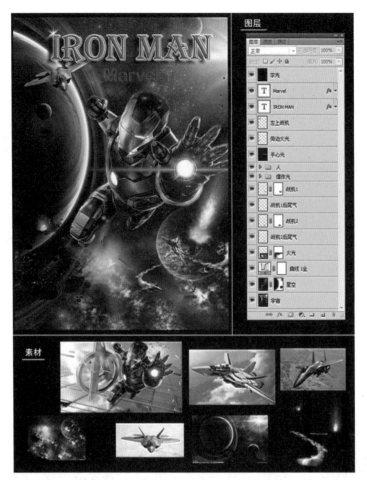

图　1-12

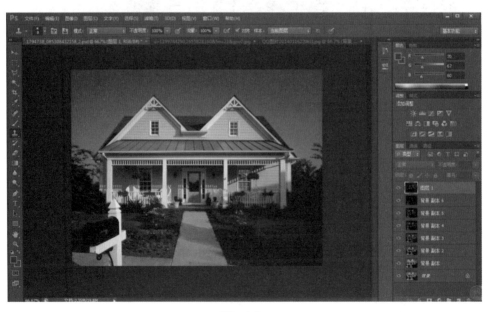

图　1-13

图 1-14

# 1.4 课后实训

1. 搜索与 Photoshop 相似的平面设计软件,对其异同点进行比较。
2. 图像的色彩模式有哪些?
3. 你认为最常用的图像格式有哪些?
4. 根据 Photoshop 的应用领域,搜索自己感兴趣领域的相关资料。

# 第 2 章　Photoshop快速入门

## 2.1　Photoshop 的安装

Photoshop CC 目前市面上有两个版本可供选择：一个是 Adobe Photoshop CC 的正式版，此版本需要按要求逐步安装；另外一个版本是 Adobe Photoshop CC 免激活绿色版，此版本下载后只需执行一次快速安装即可使用。

需要说明的是，Windows XP 系统不支持 Photoshop CS6 及其更高级版本的 3D 功能和某些 GPU 启动功能。

## 2.2　快速认识 Photoshop

Photoshop CC 的工作界面主要由标题栏、菜单栏、工具属性栏、工具箱、控制面板和状态栏组成，如图 2-1 所示。

图　2-1

### 2.2.1 工作界面介绍

**1. 标题栏**

标题栏位于窗口最上部，显示应用程序的名称、文档名称、文件格式、窗口缩放比例和颜色模式等信息，如果文档中包含多个图层，则标题栏中还会显示当前工作的图层的名称。

**2. 菜单栏**

菜单栏中共包含 10 个菜单命令。利用菜单命令可以完成对图像的编辑、调整色彩、添加滤镜效果等操作。

**3. 工具箱**

工具箱中包含了多个工具。利用不同的工具可以完成对图像绘制、观察、测量等操作。

**4. 工具属性栏**

工具属性栏是工具箱中各个工具的功能扩展。通过在属性栏中设置不同的选项，可以快速完成多样化的操作。

**5. 控制面板**

控制面板是 Photoshop 的重要成部分。通过不同的功能面板，可以完成图像中填充颜色、设置图层、添加样式等操作。

**6. 状态栏**

状态栏可以提供当前文件的显示比例、文档大小、当前工具、暂存盘大小等提示信息。

### 2.2.2 文件菜单栏常用命令

**1. 新建文件**

要创建一个空白文档，可以执行"文件"→"新建"命令，快捷键为 Ctrl＋N。"新建"对话框如图 2-2 所示。

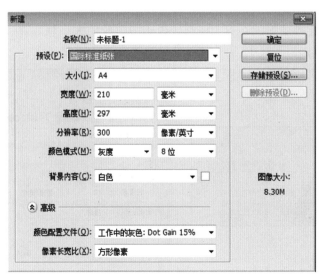

图　2-2

在新建文档时可以设置图像名称、大小、分辨率、颜色模式和背景内容等项。图中新建的是一个国际标准纸张参数的文档。

在新建文档时要注意：

（1）文档的大小：文档大小越大，所需要的系统资源越多，如果文档大小过大，计算机运行速度可能会变慢。

（2）颜色模式：颜色模式如果设置成"灰度"，在"拾色器"中设置任何颜色都将是灰色的。

**2. 打开文件**

打开文件的方法有五种：

（1）使用菜单中的"打开"命令；

（3）使用快捷键 Ctrl+O；

（3）双击 Photoshop 界面中心；

（4）拖动想要处理的图片到 Photoshop 中打开；

（5）右击要处理的图片，选择使用 Photoshop 打开命令。

**3. 保存文件**

保存图片的方法：一般按快捷键 Ctrl+S，或使用菜单中的"保存"命令（如果要另存的话就选择"另存为"命令；保存的图片可以选择任意格式，PSD 格式保存当前处理的所有步骤，下次打开还可以继续编辑，JPEG、PNG、GIF 格式就是处理好的图片格式）。

## 2.3 编辑图像的常用命令

### 2.3.1 图像大小

执行"图像"→"图像大小"命令，可以调整图像大小、打印尺寸和分辨率，如图 2-3 所示。在调整图像大小时，如果是对矢量图进行调整，对效果没有影响；如果是对位图调整，可能导致图像品质和锐化程度损失。例如将一幅很小的图像的大小调大，缺少的像素是通过计算得到的，画面看起来失真严重，因此尽量使用适当大小的图像。

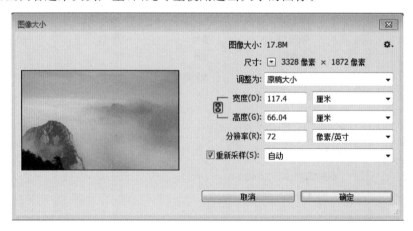

图 2-3

### 2.3.2　画布大小

画布是指实际打印的工作区域。执行"图像"→"画布大小"命令,可以按指定方向增大或减小现有的工作空间,如图 2-4 所示。

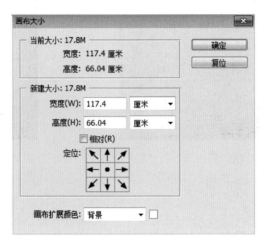

图　2-4

### 2.3.3　变换

执行"编辑"→"变换"命令,快捷键为 Ctrl＋T,可以对普通图层中的像素或选区中的内容做缩放、旋转、翻转、变形等操作。应特别注意,使用变换命令后要确认(按 Enter 键)或取消(按 Esc 键),否则不能进行其他操作,如图 2-5 所示。

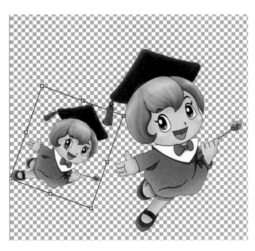

图　2-5

### 2.3.4　裁剪工具

裁剪工具可以对图像进行裁剪,重新定义画布的大小,选择该工具后,在工具属性栏中选中"设置其他裁切选项"图标 中的使用经典模式。可以在画面中单击并拖出一个矩形定界框,按 Enter 键,就可以将定界框之外的图像裁剪掉,快捷键为 C,如图 2-6 和图 2-7 所示。

图　2-6　　　　　　　　　　　　　　　　　图　2-7

## 2.3.5　复制

执行"图像"→"复制"命令,可以对打开的图像进行复制备份,以便对操作后的图像进行对比。

另外,如果需要复制图像里面的内容,则需要对图像的内容绘制选区,然后执行"编辑"→"复制"命令,快捷键为 Ctrl+C,复制选区里面的内容。再执行"编辑"→"粘贴"命令,快捷键为Ctrl+V,如图 2-8 所示。

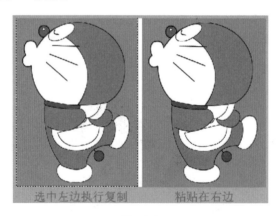

图　2-8

## 2.3.6　撤销操作

对图像操作时,如果后一步有错误,可以执行"编辑"→"还原"和"重做"命令进行操作,快捷键为 Ctrl+Z。

## 2.3.7　实例——制作一寸照片

操作步骤如下:

(1) 按 Ctrl+O 快捷键,打开配套资源中的文件,效果如图 2-9 所示。

（2）选择裁剪工具或按 C 键。在属性栏选择宽×高×分辨率选项，设置"高度"为 2.5 厘米，"宽度"为 3.5 厘米，"分辨率"为 300 像素/英寸，如图 2-10 所示。在图像中适当的位置单击并按住鼠标不放，向右下方拖曳鼠标选择裁剪区域。按 Ctrl＋T 快捷键后按住 Shift 键调整大小，如图 2-11 所示，按 Enter 键裁剪。

图 2-9

图 2-10

（3）执行"图像"→"画布大小"命令，在弹出的"画布大小"对话框中设置"宽度"为 0.4 厘米，"高度"为 0.4 厘米，选中"相对"复选框，如图 2-12 所示。单击"确定"按钮完成，如图 2-13 所示。

图 2-11

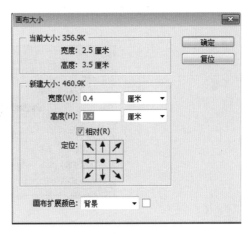

图 2-12

（4）执行"编辑"→"定义图案"命令，在弹出的"图案名称"对话框中设置"名称"为"寸照"，如图 2-14 所示。

图 2-13

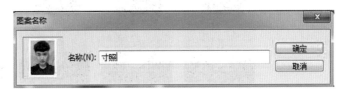

图 2-14

（5）按 Ctrl＋N 快捷键新建图像，设置"宽度"为 11.6 厘米，"高度"为 7.8 厘米，"分辨率"为 300 像素/英寸，如图 2-15 所示。按 Shift＋F5 快捷键填充图案，在弹出的"填充"对话框中设置"使用"为"图案"，"自定图案"为"寸照"，如图 2-16 所示。单击"确定"按钮，效果如图 2-17 所示。

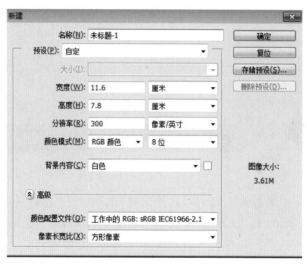

图　2-15

图　2-16

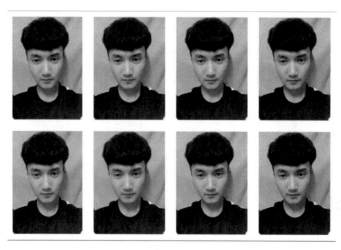

图　2-17

# 2.4 Photoshop 常用工具应用实例

## 2.4.1 移动工具应用

（1）移动工具（Move Tool）主要用于图像、图层或选择区域的移动，使用它可以完成排列、组合、移动和复制等操作。操作非常简单，单击工具箱中的移动按钮，快捷键为 V。

（2）对于同样一个文件中的图片，要移动的话，首先要确保图层没有锁定。若图层锁定，则不能够移动图像本身，但可以对图像某个区域进行移动。

（3）我们看一下文件之间的图像移动，打开两个图片，单击工具箱中的移动按钮，将光标放置在图像或选择区域内，按住左键的同时拖曳至另一个图片文件窗口中即可完成图片的移动。

（4）对图片中的某个区域进行移动的时候，当光标移动到选区内时，Photoshop 的移动工具下面多了个剪刀，移动选择区，原图像区域将以背景色填充。

（5）对图片中的某个区域进行移动的时候，当光标移动到选区内时，按住 Alt 键不动，Photoshop 的移动工具下面多了个白色三角，移动选择区，原图像区域不变，并复制一个选区图案。

（6）按住键盘中的 Shift 键的同时，将光标放置在选择区域内拖曳，可以将选区沿 45°方向移动。如果同时按住 Alt 键，移动时，每松开一次，可以达到在水平垂直或 45°方向复制图片的效果。

（7）如果要精确移动选区的图片，可使用键盘中的方向键，每次只移动一个像素，按住键盘中 Shift 键的同时敲击方向键，每次可移动 10 个像素。

（8）在使用其他工具时，按住 Ctrl 键，光标将自动变为移动图标，达到临时使用移动工具的目的（在使用钢笔、抓手、切片、矩形工具和路径选择工具时此操作无效）。

## 2.4.2 修复画笔工具组应用

### 1. 污点修复画笔工具

污点修复画笔工具可以快速地消除照片中的斑点和污痕，而不必事先对有污点的地方进行选择。使用时，应用好笔触大小，让笔触能够套在污点上，单击鼠标即可消除污点。

操作步骤如下：

（1）按 Ctrl＋O 快捷键，打开配套资源中的文件，效果如图 2-18 所示。

（2）选择污点修复画笔工具或反复按 Shift＋J 快捷键，按"["键和"]"键调整笔刷大小，涂抹需要修复的部分，如图 2-19 所示。最终效果如图 2-20 所示。

### 2. 修复画笔工具

修复画笔工具可以修复图像中的污点，并能使修复后的效果自然融入到周围图像中。修复的同时会保留图像的纹理、亮度等信息。

操作步骤如下：

图　2-18

图　2-19　　　　　　　　　　　　　　　　　图　2-20

（1）按 Ctrl＋O 快捷键，打开配套资源中的文件，效果如图 2-21 所示。

（2）选择修复画笔工具或反复按 Shift＋J 快捷键。按住 Alt 键，当鼠标光标变为圆形十字架形状时，单击定下样本的取样点，释放鼠标，在图像中要修复的位置按住鼠标不放，拖曳鼠标复制出取样点的图像，女孩子的痣已经被修复掉了。效果如图 2-22 所示。

图　2-21　　　　　　　　　　　　　　　　　图　2-22

### 3. 修补工具

修补工具可以利用图像的其他区域或使用图案来修补当前选中的区域。

操作步骤如下：

（1）按 Ctrl＋O 快捷键，打开配套资源中的文件，效果如图 2-23 所示。

（2）选择修补工具或反复按 Shift＋J 快捷键，用修补工具圈选图像中的人物，如图 2-24 所示，在选区中单击并按住鼠标不放，移动鼠标将选区中的图像拖曳到需要的位置，如图 2-25 所示，选区中的人物被新位置的选区位置的图像所修补。

图　2-23　　　　　　　　　　　　　　　　　图　2-24

（3）再选择污点修复画笔工具或反复按 Shift＋J 快捷键,按"[ "键和"]"键调整笔刷大小,涂抹需要修复的部分,效果如图 2-26 所示。

图　2-25　　　　　　　　　　　　　　　　　图　2-26

#### 4. 红眼工具

在使用闪光灯拍摄时,经常会出现红眼现象,使用红眼工具可以去除图像中特殊的反光区域。打开有红眼效果的图像,使用红眼工具在红眼上单击即可将红眼去掉。

操作步骤如下:

（1）按 Ctrl＋O 快捷键,打开配套资源中的文件,效果如图 2-27 所示。

（2）选择红眼工具或反复按 Shift＋J 快捷键。在猫眼睛上的红色区域单击,去除红眼,效果如图 2-28 所示。

图　2-27　　　　　　　　　　　　　　　　　图　2-28

## 2.4.3　仿制图章工具组应用

#### 1. 仿制图章工具

仿制图章工具主要用来复制取样的图像。仿制图章工具使用方便,它能够按涂抹的范围复制全部或者部分到一个新的图像中。在工具箱中选取仿制图章工具,然后把鼠标指针放到要被复制的图像的窗口上,这时鼠标指针将显示一个图章的形状,和工具箱中的图章形状一样,按住 Alt 键,单击一下鼠标进行定点选样,这样复制的图像就被保存到剪贴板中。

操作步骤如下:

（1）按 Ctrl＋O 快捷键,打开配套资源中的文件,效果如图 2-29 所示。

（2）选择仿制图章工具,将仿制图章工具放在图像中需要复制的位置,按住 Alt 键,当鼠标光标变为圆形十字架形状时,单击定下样本的取样点,释放鼠标,在合适的位置单击并按住鼠标不放,拖曳鼠标复制出取样点的图像,效果如图 2-30 所示。

图　2-29　　　　　　　　　　　　　　　图　2-30

**2. 图案图章工具**

图案图章工具可以以预先定义的图案为复制对象进行复制。选择图案图章工具,在要定义为图案的图像上绘制选区,执行"编辑"→"定义图案"命令,弹出"图案名称"对话框,单击"确定"按钮,定义选区中的图像为图案。在图案图章工具属性栏中选择定义好的图案,按Ctrl＋D快捷键,取消图像中对选区的选择。选择图案图章工具,在合适的位置单击并按住鼠标不放,拖曳鼠标复制出定义好的图案。

## 2.4.4　画笔工具组应用

**1. 画笔工具**

画笔工具可以将预设的笔尖图案直接绘制到当前的图层中。该工具的使用方法与现实中的画笔使用方法相似,只要选择相应的画笔笔尖后,在文档中按下鼠标左键拖动便可以进行绘制,被绘制的笔触颜色以前景色为准。在工具箱中选中画笔工具后,在工具属性栏可以设置相应选项,如图 2-31 所示。

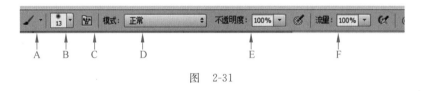

图　2-31

A——"工具预设"选取器:

单击该按钮,在打开的面板中可以看到有许多默认的画笔工具预设,它不仅包括画笔笔尖,还有预设的混合模式、画笔不透明度和流量等参数。

B——"画笔预设"选取器:

单击该按钮,打开画笔预设面板,在该面板中可以对画笔的大小、硬度和画笔笔尖等选项进行相应的设置。

C——"切换画笔面板"按钮:

单击该按钮,可打开画笔面板,在该面板中可以对画笔的各项属性进行设置。

D——模式：

在该下拉列表中选择相应的选项，可以设置画笔的混合模式，及画笔笔迹颜色与下面图像进行混合的模式，在 Photoshop 中，有 28 种不同的混合模式。

E——不透明度：

此选项用于设置画笔的不透明度，用户可以拖动滑块或在数字框中输入 1～100 的任意整数来设置绘画的不透明度，该值越高，线条的透明度就越低；相反则越高。

F——流量：

流量用于设置绘画是画笔的流通速率和涂抹速度，该值越大，则绘制的颜色越深；相反则绘制的颜色就越浅。

**2. 课堂实作——绘制儿童插画**

操作步骤如下：

（1）按 Ctrl＋O 快捷键，打开图片，图像效果如 2-32 所示，按 Ctrl＋J 快捷键，在"图层"控制面板中生成新图层并将其命名为"卡通动物"。

（2）选择魔术橡皮擦工具，单击图像空白区域，单击"图层"控制面板下方的"创建新图层"按钮，创建一个新图层，将其命名为"蓝天"，并将图层拖曳至"卡通人物"图层下方。

（3）选择渐变工具，在属性栏中单击"点按可编辑渐变"按钮，在弹出的"渐变编辑器"对话框中进行预设，选择"黑、白渐变"，单击下方"色标"按钮，调整渐变颜色，将其设为天蓝色（其 R、G、B 值分别为 78、176、233），单击"确定"按钮颜色即可改变。最后在画面中上方按下鼠标左键不放，向下拖曳渐变方向，即可得到渐变效果，如图 2-33 所示。

图 2-32

图 2-33

（4）选择画笔工具，在属性栏中单击"画笔预设"选取器，选择需要的画笔形状"草"，将"大小"设置为 288 像素，如图 2-34 所示。再次单击属性栏中的"切换画笔面板"按钮，弹出"画笔"控制面板，将"间距"设置为 85％，如图 2-35 所示。选择形状动态，将"最小直径"设置为 4％，如图 2-36 所示。选择颜色动态，将"色相抖动"设置为 25％，如图 2-37 所示。

（5）单击"图层"控制面板下方的"创建新图层"按钮，创建一个新图层，将其命名为"草地"，将其前景色设置为草绿色（其 R、G、B 值分别为 82、194、77），将其背景色设置为深绿色（其 R、G、B 值分别为 59、109、51），在图像窗口拖曳鼠标，绘制草地图形。单击"图层"控制面板下方的"设置图层的混合模式"按钮，选择溶解，效果如图 2-38 所示。

（6）选择画笔工具。在属性栏中单击"画笔"选项右侧按钮，弹出画笔选择面板，单击面板右上方的按钮，在弹出的菜单中选择"特殊效果画笔"选项，如图 2-39 所示。单击"图层"控制面板下方的"创建新图层"按钮，创建一个新图层，将其命名为"蝴蝶"。

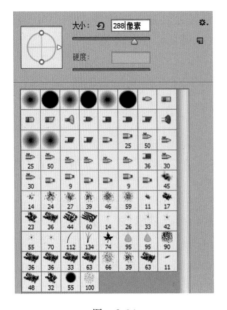

图 2-34

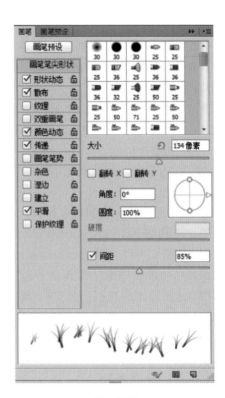

图 2-35

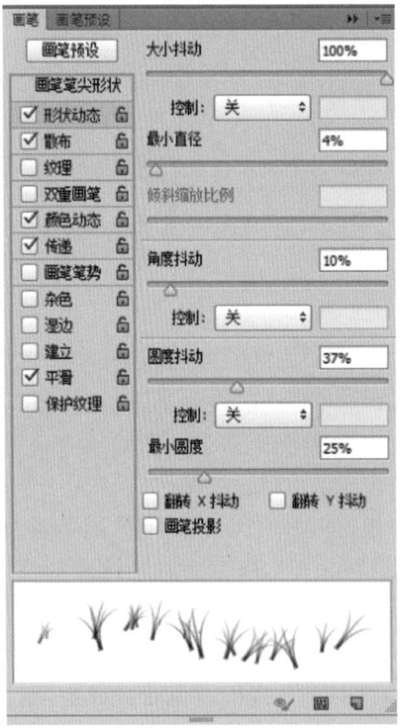

图 2-36

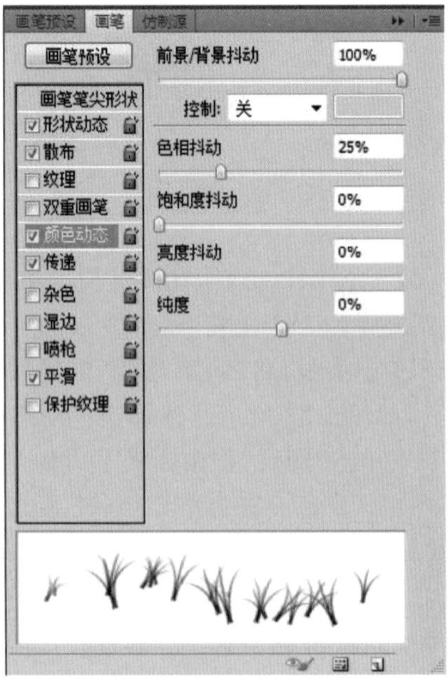

图 2-37

图 2-38

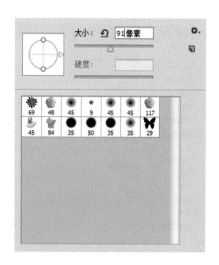

图 2-39

（7）单击属性栏中的"切换画笔面板"按钮，弹出"画笔"控制面板，将"间距"设置为337％，如图 2-40 所示。选择形状动态，将"最小直径"设置为 5％，"角度抖动"设置为 25％，如图 2-41 所示。选择颜色动态，将"色相抖动"设置为 87％，如图 2-42 所示。

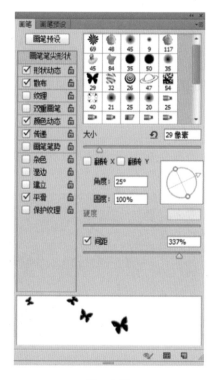

图 2-40

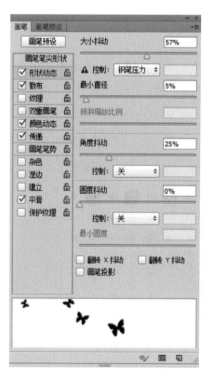

图 2-41

（8）在图像窗口中多次单击或拖曳鼠标，绘制蝴蝶图形，效果如图 2-43 所示。

（9）单击"图层"控制面板下方的"创建新图层"按钮，创建一个新图层，将其命名为"太阳"，将前景色设为黄色（其 R、G、B 值分别为 239、223、44）。

23

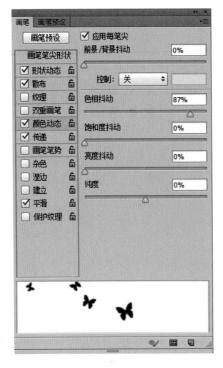

图　2-42

图　2-43

（10）选择画笔工具，在属性栏中单击"画笔预设"选取器，单击右侧按钮，选择复位画笔，选择"柔边圆"，将"大小"设置为 715 像素，如图 2-44 所示。在图像窗口中单击，效果如图 2-45 所示。

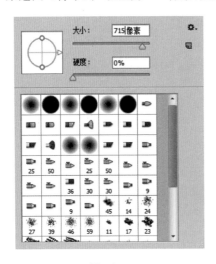

图　2-44

图　2-45

### 3. 铅笔工具

铅笔工具与画笔工具的使用方法大致相似，不同的是画笔工具能够绘制出柔和、平滑的线条，而铅笔工具绘制出的线条则是硬边的，放大之后边缘还会出现锯齿。单击工具箱中的铅笔工具按钮，在选项栏中会出现相应的选项，可以看到除"自动抹除"选项外，其他选项几乎与画笔工具选项栏相似。

自动抹除：选中该选项绘制图形时，可将同一图层中的前景色区域涂抹成背景色，再次涂抹则将该区域涂抹成前景色。

## 2.4.5 历史记录画笔工具组应用

### 1. 历史记录画笔工具

历史记录画笔工具是与"历史记录"控制面板结合起来使用的。主要用于将图像的部分区域恢复到以前某一历史状态，以形成特殊的图像效果。

### 2. 课堂实作——皮肤美白效果

操作步骤如下：

(1) 按 Ctrl＋O 快捷键，打开图片，效果如图 2-46 所示。

(2) 执行"窗口"→"历史记录"命令，按 Ctrl＋J 快捷键复制背景图层，选择"图层"控制面板中的"设图层混合模式"，选择"滤色"模式，设置"不透明度"为 50％，如图 2-47 所示。按 Ctrl＋Shift＋E 快捷键合并图层。

图　2-46

图　2-47

(3) 执行"滤镜"→"模糊"→"高斯模糊"命令，在弹出的"高斯模糊"对话框中设置"半径"为 1.4 像素，如图 2-48 所示。单击"历史记录"控制面板下方的"创建新快照"按钮，选中"快照 1"，如图 2-49 所示。

图　2-48

图　2-49

（4）选择历史记录画笔工具，选择画笔工具，在属性栏中单击"画笔预设"选取器，选择需要的画笔形状"柔边圆"画笔，将"大小"设置为70像素，如图2-50所示。

（5）单击"历史记录"控制面板中需要处理的图片，进行涂抹即可，效果如图2-51所示。

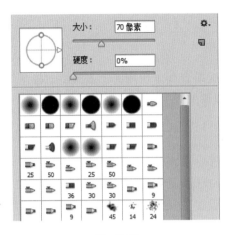

图 2-50

图 2-51

### 3. 历史记录艺术画笔工具应用

历史记录艺术画笔工具和历史记录画笔工具的用法基本相同，区别在于使用历史记录艺术画笔绘图时可以产生艺术效果。

### 4. 课堂实作——绘制油画风格

操作步骤如下：

（1）按Ctrl+O快捷键，打开配套资源中的文件，效果如图2-52所示。

（2）执行"窗口"→"历史记录"命令，效果如图2-53所示。

图 2-52

图 2-53

（3）按Ctrl+J快捷键复制背景图层，单击"图层"控制面板下方的"创建新图层"按钮，创建一个新图层，将其命名为"黑色填充"。选择油漆桶工具，设置前景色设置为黑色（其R、G、B值分别为0、0、0）。单击"图层"控制面板右上角的"不透明度"设置，将其"不透明度"设置为 75%,效果如图 2-54 所示。

图　2-54

(4) 单击"历史记录"控制面板下方的"创建新快照"按钮。

(5) 选择历史记录艺术画笔工具,在属性栏中单击"画笔"选项右侧的按钮,弹出画笔选择面板,单击面板右上方的按钮,在弹出的菜单中选择"干介质画笔"选项,如图 2-55 所示。

(6) 选择画笔工具,在属性栏中单击"画笔预设"选取器,选择需要的画笔形状"重抹蜡笔",将"大小"设置为 20 像素,如图 2-56 所示。在图像窗口中多次单击或拖曳鼠标绘制,直至涂满整个图像,效果如图 2-57 所示。按 Ctrl+Shift+U 快捷键对画面进行去色,效果如图 2-58 所示。

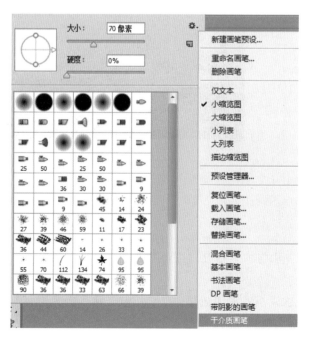

图　2-55

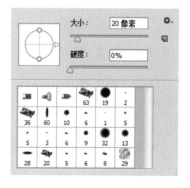

图　2-56

图　2-57　　　　　　　　　　　　　　　　图　2-58

（7）执行"滤镜"→"风格化"→"浮雕效果"命令，在弹出的"浮雕效果"对话框中设置"角度"为135度，"高度"为4像素，"数量"为141％，如图2-59所示。

（8）选择"图层"控制面板中的"设置图层混合模式"，选择"叠加"模式，效果如图2-60所示。

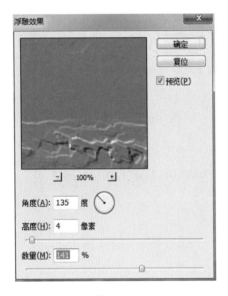

图　2-59　　　　　　　　　　　　　　　　图　2-60

## 2.4.6　橡皮擦工具组

### 1. 橡皮擦工具

橡皮擦工具（如图2-61所示）的使用方法与画笔相近。在背景层上使用橡皮擦，是用背景色替代擦除的像素。

在普通层上使用橡皮擦，可以直接把像素擦成透明效果。

### 2. 背景橡皮擦工具

背景橡皮擦是用透明色擦除背景色。擦除时可以设置取样，

图　2-61

如果设置为"连续取样",可以把所有的颜色擦成透明;如果设置为"取样一次",只能擦除鼠标落点处相近的颜色;如果设置为"取样背景色板",则可以擦除与背景色相同的颜色区域。使用背景橡皮擦后,背景层会直接转化为普通层。

**3. 魔术橡皮擦工具**

魔术橡皮擦工具可以自动擦除颜色相近的区域,使用魔术橡皮擦在图像上单击,与单击处相近的颜色都将被擦成透明。

## 2.4.7 渐变工具和油漆桶工具的应用

应用渐变工具可以创建多种颜色间的渐变效果,油漆桶工具可以改变图像的色彩,吸管工具可以吸取需要的色彩。

油漆桶工具:可以在图像或选区中,对指定色差范围内的色彩区域进行色彩或图案填充,如图 2-62 所示。

吸管工具:可以在图像或"颜色"控制面板中吸取颜色,并可在"信息"控制面板中观察像素点的色彩信息,如图 2-63 所示。

渐变工具:用于在图像或图层中形成一种色彩渐变的图像效果,如图 2-64~图 2-66所示。

图 2-62

图 2-63

图 2-64

图 2-65

图　2-66

## 2.4.8　模糊工具组应用

顾名思义,模糊工具组是一种通过笔刷使图像变模糊的工具。它的工作原理是降低像素之间的反差。

如图 2-67 和图 2-68 所示为背景模糊以突出建筑的效果。

图 2-67　原图

图 2-68　模糊后

锐化工具:用来增加像素间的对比度,使图像的线条越来越清晰,如图 2-69 和图 2-70 所示。

图 2-69　原图

图 2-70　锐化后

涂抹工具：涂抹工具可以在图像中模拟将手指拖过湿油彩时所产生的效果，可以对图像进行扭曲，如图 2-71 和图 2-72 所示。

图 2-71　原图

图 2-72　涂抹后

## 2.4.9　减淡工具组应用

减淡工具：将图像亮度增强，颜色减淡，如图 2-73 所示。

图　2-73

Photoshop 中关于加深减淡工具的把握：

许多初学者鼠绘时画出来的作品都不够好，其主要原因绝大多数都在加深或减淡效果时对于压力（也就是曝光度）和模式（高光、中间调、暗调）没有认知，不能很好地掌握它们。

（1）压力（曝光度），压力一般控制在 10% 以内，因为压力太大的话涂出来会效果太明显，涂出来就很脏，颜色一块一块的。压力设得小的话，涂出来效果不会太明显，然后反复地涂，这样涂出来就算脏也不会太明显，还可以用模糊来处理一下。这样基本上就可以解决画出来有色块的问题。

（2）模式（高光、中间调、暗调）。

① 加深时模式的工作原理。

- 用高光模式加深时，被加深的地方饱和度会很低，呈灰色，在压力高的情况下，灰色会更明显，看起来会很脏；
- 用暗调模式加深时，被加深的地方饱和度会很高，画出来很红；
- 用中间调模式加深时，被加深的地方颜色会比较柔和，饱和度也比较正常。

② 减淡时模式的工作原理。

用高光模式减淡时，被减淡的地方饱和度会很高。比如红色用高光模式减淡时会变橙色，橙色用高光模式减淡时会变黄色。

用暗调模式减淡时，被减淡的地方饱和度会很低，用一个颜色反复地涂刷以后，会变成白色，而不掺杂其他的颜色。

用中间调模式减淡时，被减淡的地方颜色会比较柔和，饱和度也比较正常。

加深工具：用来将图像变暗，颜色加深。使用方法同减淡相似。

海绵工具：用于增加或减少图像的色彩饱和度。

## 2.5 课后实训

（1）制作自己的标准一寸照片。

（2）利用笔刷工具绘制一幅儿童插画。

（3）通过修复画笔工具组和仿制图章工具组对自己不满意的照片进行修改。

# 第3章　Photoshop选区

## 3.1　认识选区

假设我们是导演,在编排一出舞台剧。如果我们要某个演员换服装,必须明确指定是谁去换。在 Photoshop 中也是如此,对图像的某个部分进行色彩调整,就必须有一个指定的过程。这个指定的过程称为选取。选取后形成选区。

对于选区应明确两个概念:

选区是封闭的区域,可以是任何形状,但一定是封闭的。不存在开放的选区。选区一旦建立,大部分的操作就只针对选区范围内有效。如果要针对全图操作,必须先取消选区。

选区是一个重要部分,Photoshop 三大重要部分是选区、图层、路径。这三者是 Photoshop 的精髓所在。

Photoshop 中的选区大部分是靠选取工具来实现的。选取工具共 9 个,集中在工具栏上部,分别是矩形选框工具、椭圆选框工具、单行选框工具、单列选框工具、套索工具、多边形套索工具、磁性套索工具、快速选择工具和魔棒工具。其中前 4 个属于规则选取工具,如图 3-1 所示。

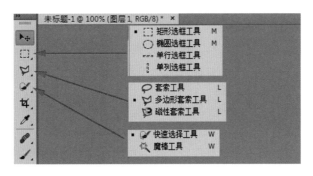

图　3-1

Photoshop 中选区即选取一部分图像,对选中的部分进行编辑。Photoshop 的任何操作都是在选区内进行的。如果没有选区,那么默认就会对当前层进行操作。

## 3.2　建立选区的方法

建立选区的最常用的三种方法:

(1) 工具栏中第一个就是选区工具,右击可选择矩形、椭圆等形状的选区。

（2）用套索工具，沿着物体边缘走，到起始点闭合，就形成了一个选区。

（3）用钢笔工具，利用钢笔工具绘制一个闭合的路径，绘制完成后按 Ctrl＋回车键将路径转化为选区。

# 3.3 选区的常用命令

## 3.3.1 移动选区

选择移动工具或按 M 键，将鼠标移动到选区框内，可以对建立的选区进行移动。这个移动实际上是对选区内的图像进行了剪切，然后移动到其他位置。

要选择整张图片，就选"全部"，就是全选图片，快捷键为 Ctrl＋A。

要取消当前的选择，可按快捷键 Ctrl＋D。

取消后要重新选择刚才的选区，可按快捷键 Shift＋Ctrl＋D。

## 3.3.2 反选

选择一个选区后，对其进行反选（快捷键为 Shift＋Ctrl＋I），就可以选择和选区相反的区域。

## 3.3.3 色彩范围

执行"选择"→"色彩范围"命令，可以选择整个图形中的相近颜色。在"色彩范围"对话框中，可以选择各种颜色，例如选中红色，确定后就可以看到图片上红色的部分都将被选中。

## 3.3.4 填充和描边

建立一个选区，执行"填充"命令。可以使用前景色、背景色、自己选择的颜色或图案进行填充。

描边是对选区的边缘进行描绘。

## 3.3.5 自定义图案

利用自定义图案功能，可以把一张图片定义为图案，在填充的时候用这个图案填充选区。

## 3.3.6 修改选区

修改选区的命令如图 3-2 所示。

### 1. 羽化

快捷键为 Shift＋F6。对一张图片的某个区域建立选区后，执行复制和粘贴命令。图 3-3 是复制前进行羽化后粘贴到另外一张图片的效果。图 3-4 是复制前未进行羽化后粘贴到另外一张图片的效果。

图 3-2

图　3-3

图　3-4

**2．扩展**

建立一个选区,选择"扩展"命令,扩展量的输入值范围在 1~100,输入一个数值,可以看到选区扩展开了。

**3．收缩**

建立一个选区,选择"收缩"命令,收缩量的输入值范围在 1~100,输入一个数值,可以看到选区收缩了。

**4．边界**

建立一个选区,选择"边界"命令,边界宽度的输入值范围在 1~200,输入一个数值,可以看到选区有了一个双线的框。

**5．平滑**

建立一个选区,选择"平滑"命令,平滑半径的输入值范围在 1~200,输入一个数值,可以看到原来直角的选区成了圆角选区。

### 3.3.7　变换选区

"变换选区"命令可以对选区进行移动、旋转、缩放和斜切等操作。既可以直接用鼠标进行操作,也可以通过在其属性选项栏中输入数值进行控制。

### 3.3.8　存储选区

创建好的精确选取范围往往要将它保存起来,以备重复使用。对于需要保存的选区可以执行"选择"→"存储选区"命令进行存储,并可以在需要的时候将存储的选区通过执行"选择"→"载入选区"命令进行调用。

## 3.4　实例——国旗文字效果

操作步骤如下:

(1) 按 Ctrl＋O 快捷键,打开配套资源中的文件,效果如图 3-5 所示。

（2）在工具栏中选择文字工具，输入文字 GERMAN，如图 3-6 所示。

图　3-5　　　　　　　　　　　　　　　　　　　图　3-6

（3）选择"魔棒"拾取需要的第一个黑色选区。执行"选择"→"存储选区"命令，在弹出的"存储选区"对话框中设置"名称"为"黑色"，如图 3-7 所示，单击"确定"按钮。重复上述步骤，建立另外两个选区，分别命名为"红色"和"黄色"。

图　3-7

（4）按住 Ctrl 键同时单击文字图层的 T 字图标将文字转化为选区，执行"选择"→"载入选区"命令，在弹出的"载入选区"对话框中进行设置，在"通道"中选择"黑色"，单击下方的"与选区交叉"选项，单击"确定"按钮。用吸管吸取图片中的红色颜色，进行填充，如图 3-8所示。

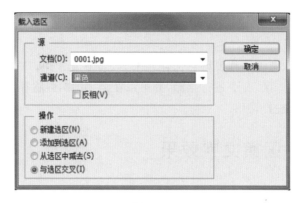

图　3-8

（5）按住 Ctrl 键同时单击文字图层的 T 字图标将文字转化为选区，执行"选择"→"载入选区"命令，在弹出的"载入选区"对话框中进行设置，在"通道"中选择"红色"，单击下方的"与选区交叉"选项，单击"确定"按钮。用吸管吸取图片中的黄色颜色，进行填充。

（6）按住 Ctrl 键同时单击文字图层的 T 字图标将文字转化为选区，执行"选择"→"载入选区"命令，在弹出的"载入选区"对话框中进行设置，在"通道"中选择"黄色"，单击下方的"与选区交叉"选项，单击"确定"按钮。用吸管吸取图片中的黑色颜色，进行填充。三次操作后的效果如图 3-9 所示。

图　3-9

（7）合并三个颜色的图层使其变成一个图层，单击"图层样式"按钮，调出"图层样式"面板。在"图层样式"面板中选择投影，设置投影"距离"为 25，"扩展"为 8，单击"确定"按钮。效果如图 3-10 所示。

（8）单击国旗背景图层，单击"滤镜"菜单，再选择"滤镜"中的"模糊"，然后再选择"高斯模糊"命令。将国旗图层的背景透明度调为 80% 左右。最终效果如图 3-11 所示。

图　3-10

图　3-11

## 3.5　实例——晒的照片

操作步骤如下：

（1）按 Ctrl+O 快捷键，打开图片，图像效果如图 3-12 所示。

（2）将其前景色分别设置为蓝色（其 R、G、B 值分别为 63、161、236），选择索套工具，在属性栏中单击"添加到选区"按钮。使用索套工具选取图片下方水印，按 Alt+Delete 快捷键填充前景色，效果如图 3-13 所示。

（3）选择多边形套索工具绘制需要的第一个选区，如图 3-14 所示。执行"选择"→"存储选区"命令，在弹出的"存储选区"对话框中设置

图　3-12

"名称"为"选区1",单击"确定"按钮。

图　3-13 　　　　　　　　　　　　　　　　图　3-14

　　(4)单击"图层"控制面板下方的"创建新图层"按钮,将生成的新图层命名为"图片1",将需要的图片拖曳到窗口,按 Ctrl+T 快捷键后按住 Shift 键调整图片大小,按 Enter 键确定。按数字键1~9可以调整图片透明度以便将图片放置至合适位置,如图3-15所示,然后将图片的透明度恢复为100%。

　　(5)执行"选择"→"载入选区"命令,在弹出的"载入选区"对话框中进行设置,在"通道"中选择"图片1",单击"确定"按钮。右击"图层"控制面板中的"图层1",选择"删格化图层"命令。按 Shift+Ctrl+I 快捷键反选选区,按 Delete 删除多余的部分,效果如图3-16所示。

图　3-15 　　　　　　　　　　　　　　　　图　3-16

　　(6)按以上步骤依次完成剩余图片的处理,最终完成效果如图3-17所示。

图　3-17

# 3.6 课后实训

（1）将自己喜欢的卡通形象拼凑在一起，组成一张卡通全家福。

（2）利用所学选区知识给自己添上一对翅膀，让自己在天空中飞翔。

# 第 4 章 Photoshop图层

## 4.1 图层介绍

图层这个概念来自动画设计领域,以前为了减少工作量,动画制作人员会使用透明纸来绘图,将动画中的变动部分和背景图分别画在不同的透明纸上,这样背景图就不必重复绘制,使用时叠放在一起即可,如图 4-1 所示。

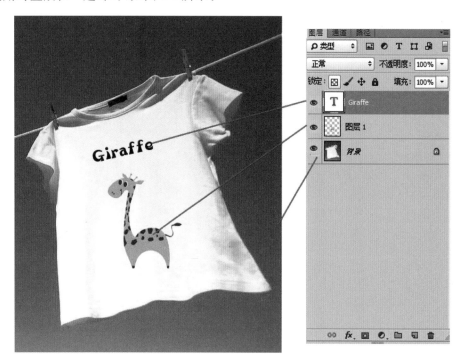

图 4-1

图层具有以下三个特性:

(1) 独立。图像中的每个图层都是独立的,当移动、调整或删除某个图层时,其他的图层不受任何影响。

(2) 透明。图层可以看作是透明的胶片,未绘制图像的区域可查看下方图层的内容,将众多的图层按一定顺序叠加在一起,便可得到复杂的图像。

(3) 叠加。图层由上至下叠加在一起,并不是简单的堆积,而是通过控制各图层的混合模式和选项之后叠加在一起,可以得到千变万化的图像合成效果。

## 4.2 "图层"面板

"图层"面板是进行图层编辑操作时必不可少的工具,它显示了当前图像的图层信息,从中可以调节图层叠放顺序、图层不透明度以及图层混合模式等参数,几乎所有的图层操作都可通过它来实现。执行"窗口"→"图层"命令,或按 F7 键,打开"图层"面板,如图 4-2 所示。

图　4-2

(1)——普通图层:是指用一般方法建立的图层,同时也是使用最多、应用最广泛的图层,几乎所有功能都可以在上面得到应用。执行"图层"→"新建"→"图层"命令,或按 Ctrl＋Shift＋N 快捷键,或直接单击"图层"面板底部的"创建新图层"按钮,即可创建一个普通图层。

(2)——背景图层:是一种不透明度的图层,用作图像的背景,叠放于图层的最下方,不能对其应用任何类型的混合模式。当打开一幅有背景图层的图像时,"图层"面板中的"背景"层的右侧有一个锁图标,表示该背景图层处于锁定状态。

(3)——文字图层:是一个比较特殊的图层,它是使用文字工具建立的图层。一旦在图像窗口中输入文字,"图层"面板中将会自动产生一个文字图层。

(4)——蒙版图层:蒙版是图像合成的重要手段,图层蒙版中的颜色控制着图层相应位置图像的透明程度。在"图层"面板中,蒙版图层的缩览图的右侧会显示一个蒙版图像。

(5)——填充图层:填充图层可以在当前图层中填充一种颜色(纯色、渐变)或图案,并结合图层蒙版的功能,产生一种遮盖的特殊效果,填充图层一般可通过单击"图层"面板底部的"创建新的填充或调整图层"按钮进行创建,默认情况下,图层的名称即为填充的类型。

(6)——调整图层:是一种比较特殊的图层,这种类型的图层主要用于色调和色彩的调整。单击"图层"面板底部的"创建新的填充或调整图层"按钮,在弹出的面板菜单中选择任意一个色调调整命令,在弹出的对话框中设置好各选项参数,单击"确定"按钮,即可创建一

42

个调整图层。

（7）——形状图层：使用工具箱中的形状工具在图像窗口中创建图形后，"图层"面板将自动建立形状图层，图层缩览图的右侧为图层的矢量蒙版缩览图。在"图层"面板中，选择形状图层为当前工作图层，在图像窗口中便会显示该形状的路径，此时可选取工具箱中的各种路径编辑工具对其进行编辑。

（8）——链接图层：所谓链接图层，就是具有链接关系的图层，当对其中一个图层中的图像执行变换操作时，将会影响到其他图层。在"图层"面板中，链接图层的名称后面将显示链接图标。

（9）——效果图层：单击"图层"面板底部的"添加图层样式"按钮，在弹出的下拉列表中选择所需的样式效果，即可得到效果图层。在"图层"面板中，效果图层的名称后面将显示图标。

# 4.3 图层样式

图层样式用于为图层添加不同的效果，使图层中的图像产生丰富的变化。应用图层样式命令可以为图像添加投影、外发光、斜面和浮雕等效果，可以制作特殊效果的文字和图形。如图 4-3 所示。

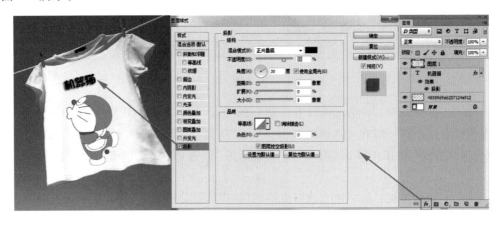

图　4-3

**1. 添加图层样式**

执行"图层"→"图层样式"命令，可以添加图层样式。

**2. 投影**

投影效果可以为图层内容添加投影，使其产生立体感。

**3. 内阴影**

内阴影效果可以在紧靠图层内容的边缘内添加阴影，使图层内容产生凹陷效果。

**4. 外发光**

外发光效果可以沿着图层内容的边缘向外创建发光效果。

**5. 内发光**

内发光效果可以沿着图层内容的边缘向内创建发光效果。

**6. 斜面和浮雕**

斜面和浮雕效果可以对图层添加高光与阴影的各种组合,使图层内容呈现立体的浮雕效果。

**7. 光泽**

光泽效果可以产生光滑的内部阴影,通常用来创建金属表面的光泽外观。

**8. 颜色叠加**

颜色叠加效果可以在图层上叠加指定的颜色,通过设置颜色的混合模式和不透明度,控制叠加效果。

**9. 渐变叠加**

渐变叠加效果可以在图层上叠加指定的渐变颜色。

**10. 图案叠加**

图案叠加效果可以在图层上叠加指定的图案,并且可以缩放图案,设置图案的不透明度和混合模式。

**11. 描边**

描边效果可以使用颜色渐变或图案描画对象的轮廓,它对于硬边形状,如文字等特别有用。

另外,可以在样式面板使用 Photoshop 自带的一些样式,如图 4-4 所示。

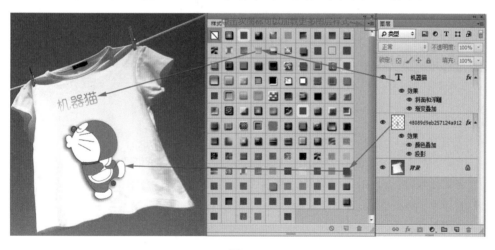

图   4-4

# 4.4   图层混合模式

## 4.4.1   各混合模式介绍

图层的混合模式命令用于为图层添加不同的模式,使图层产生不同的效果,如图 4-5 所示为一个 PSD 格式的分层文件,我们将调整图层 1 的混合模式,演示它与下面背景层中的像素是如何混合的。

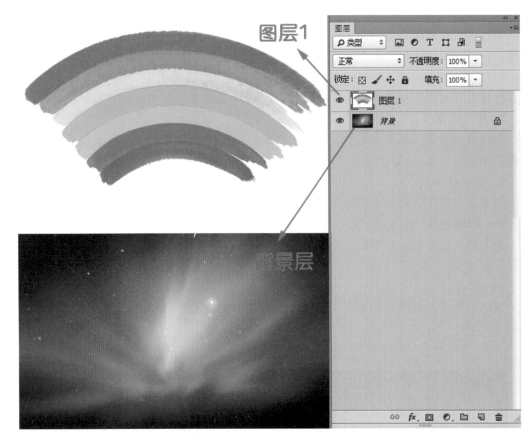

图 4-5

### 1. 正常模式

在"正常(Normal)"模式下,"混合色"的显示与不透明度的设置有关。当"不透明度"为100%,也就是说完全不透明时,"结果色"的像素将完全由所用的"混合色"代替;当"不透明度"小于100%时,混合色的像素会透过所用的颜色显示出来,显示的程度取决于不透明度的设置与"基色"的颜色,如图4-6所示。

### 2. 溶解模式

在"溶解(Dissolve)"模式中,主要是在编辑或绘制每个像素时,使其成为"结果色"。但是,根据任何像素位置的不透明度,"结果色"由"基色"或"混合色"的像素随机替换。因此,"溶解"模式最好是同Photoshop中的一些着色工具一同使用效果比较好,如"画笔""仿制图章""橡皮擦"工具等,也可以使用文字。当"混合色"没有羽化边缘,而且具有一定的透明度时,"混合色"将溶入到"基色"内。如果"混合色"没有羽化边缘,并且"不透明度"为100%,那么"溶解"模式不起任何作用,如图4-7所示。

### 3. 变暗模式

在"变暗(Darken)"模式中,查看每个通道中的颜色信息,并选择"基色"或"混合色"中较暗的颜色作为"结果色"。比"混合色"亮的像素被替换,比"混合色"暗的像素保持不变。"变暗"模式将导致比背景颜色更淡的颜色从"结果色"中被去掉,如图4-8所示。

图 4-6 图 4-7

### 4. 正片叠底模式

在"正片叠底（Multiply）"模式中，查看每个通道中的颜色信息，并将"基色"与"混合色"复合。"结果色"总是较暗的颜色。任何颜色与黑色复合产生黑色。任何颜色与白色复合保持不变。当用黑色或白色以外的颜色绘画时，绘画工具绘制的连续描边产生逐渐变暗的过渡色，如图 4-9 所示。

图 4-8 图 4-9

### 5. 颜色加深模式

在"颜色加深（Clolor Burn）"模式中，查看每个通道中的颜色信息，并通过增加对比度使基色变暗以反映混合色，如果与白色混合将不会产生变化，如图 4-10 所示。

### 6. 线性加深模式

在"线性加深（Linear Burn）"模式中，查看每个通道中的颜色信息，并通过减小亮度使"基色"变暗以反映混合色。如果"混合色"与"基色"上的白色混合后将不会产生变化，如图 4-11 所示。

图 4-10 图 4-11

### 7. 变亮模式

在"变亮（Lighten）"模式中，查看每个通道中的颜色信息，并选择"基色"或"混合色"中较亮的颜色作为"结果色"。比"混合色"暗的像素被替换，比"混合色"亮的像素保持不变。在这种与"变暗"模式相反的模式下，较淡的颜色区域在最终的"合成色"中占主要地位。较暗区域并不出现在最终的"合成色"中。因为图层 1 的背景是白色，所以将图层 1 背景改为黑色进行混合效果才明显，如图 4-12 所示。

### 8. 滤色模式

"滤色（Screen）"模式与"正片叠底"模式正好相反，它将图像的"基色"颜色与"混合色"颜色结合起来产生比两种颜色都浅的第三种颜色，如图 4-13 所示。

图 4-12          图 4-13

### 9. 颜色减淡模式

与"颜色加深（Clolor Dodge）"模式的效果相反，它通过减小对比度来加亮底层的图像，并使颜色变得更加饱和，如图 4-14 所示。

### 10. 线性减淡模式

在"线性减淡（Linear Dodge）"模式中，查看每个通道中的颜色信息，并通过增加亮度使基色变亮以反映混合色。但是不要与黑色混合，那样是不会发生变化的，如图 4-15 所示。

图 4-14          图 4-15

### 11. 叠加模式

"叠加（Overlay）"模式把图像的"基色"颜色与"混合色"颜色相混合产生一种中间色。"基色"内颜色比"混合色"颜色暗的颜色使"混合色"颜色倍增，比"混合色"颜色亮的颜色将使"混合色"颜色被遮盖，而图像内的高亮部分和阴影部分保持不变，因此对黑色或白色像素着色时"叠加"模式不起作用,如图 4-16 所示。

**12. 柔光模式**

"柔光(Soft Light)"模式会产生一种柔光照射的效果。如果"混合色"颜色比"基色"颜色的像素更亮一些,那么"结果色"将更亮;如果"混合色"颜色比"基色"颜色的像素更暗一些,那么"结果色"颜色将更暗,使图像的亮度反差增大,如图 4-17 所示。

图　4-16　　　　　　　　　　　　　　　图　4-17

**13. 强光模式**

"强光(Hard Light)"模式将产生一种强光照射的效果。如果"混合色"颜色"基色"颜色的像素更亮一些,那么"结果色"颜色将更亮;如果"混合色"颜色比"基色"颜色的像素更暗一些,那么"结果色"将更暗。除了根据背景中的颜色而使背景色是多重的或被屏蔽的之外,这种模式实质上同"柔光"模式是一样的。它的效果要比"柔光"模式更强烈一些,同"叠加"一样,这种模式也可以在背景对象的表面模拟图案或文本,如图 4-18 所示。

**14. 亮光(Vivid Light)模式**

通过增加或减小对比度来加深或减淡颜色,具体效果取决于混合色。如果混合色(光源)比 50％灰色亮,则通过减小对比度使图像变亮。如果混合色比 50％灰色暗,则通过增加对比度使图像变暗,如图 4-19 所示。

图　4-18　　　　　　　　　　　　　　　图　4-19

**15. 线性光(Linear Light)模式**

通过减小或增加亮度来加深或减淡颜色,具体效果取决于混合色。如果混合色(光源)比 50％灰色亮,则通过增加亮度使图像变亮。如果混合色比 50％灰色暗,则通过减小亮度使图像变暗,如图 4-20 所示。

**16. 点光模式**

"点光(Pin Light)"模式其实就是替换颜色,具体效果取决于"混合色"。如果"混合色"比50％灰色亮,则替换比"混合色"暗的像素,而不改变比"混合色"亮的像素。如果"混合色"比50％灰色暗,则替换比"混合色"亮的像素,而不改变比"混合色"暗的像素。这对于向图像添加特殊效果非常有用,如图4-21所示。

图 4-20                                         图 4-21

**17. 差值模式**

在"差值(Diference)"模式中,查看每个通道中的颜色信息,"差值"模式是将图像中"基色"颜色的亮度值减去"混合色"颜色的亮度值,如果结果为负,则取正值,产生反相效果。由于黑色的亮度值为0,白色的亮度值为255,因此用黑色着色不会产生任何影响,用白色着色则使被着色的原始像素颜色反相。"差值"模式用于创建背景颜色的相反色彩,如图4-22所示。

**18. 排除模式**

"排除(Exclusion)"模式与"差值"模式相似,但是具有高对比度和低饱和度的特点。比用"差值"模式获得的颜色要柔和、更明亮一些。建议在处理图像时,首先选择"差值"模式,若效果不够理想,可以选择"排除"模式,如图4-23所示。

图 4-22                                         图 4-23

**19. 色相模式**

"色相(Hue)"模式只用"混合色"颜色的色相值进行着色,而使饱和度和亮度值保持不变。当"基色"颜色与"混合色"颜色的色相值不同时,才能使用描绘颜色进行着色,如图4-24所示。

**20. 饱和度模式**

"饱和度(Saturation)"模式的作用方式与"色相"模式相似,它只用"混合色"颜色的饱和度值进行着色,而使色相值和亮度值保持不变。当"基色"颜色与"混合色"颜色的饱和度值不同时,才能使用描绘颜色进行着色处理,如图 4-25 所示。

 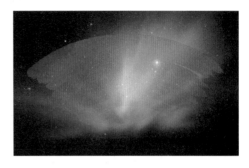

图　4-24　　　　　　　　　　图　4-25

### 21. 颜色模式

"颜色(Color)"模式能够使用"混合色"颜色的饱和度值和色相值同时进行着色,而使"基色"颜色的亮度值保持不变。"颜色"模式可以看成是"饱和度"模式和"色相"模式的综合效果。该模式能够使灰色图像的阴影或轮廓透过着色的颜色显示出来,产生某种色彩化的效果。这样可以保留图像中的灰阶,并且对于给单色图像上色和给彩色图像着色都会非常有用,如图 4-26 所示。

### 22. 明度模式

"明度(Luminosity)"模式能够使用"混合色"颜色的亮度值进行着色,而保持"基色"颜色的饱和度和色相数值不变。其实就是用"基色"中的"色相"和"饱和度"以及"混合色"的亮度创建"结果色"。此模式创建的效果是与"颜色"模式创建的效果相反,如图 4-27 所示。

图　4-26　　　　　　　　　　图　4-27

## 4.4.2　实例——使照片变鲜亮

操作步骤如下:

(1) 按 Ctrl+O 快捷键,打开配套资源中的文件,效果如图 4-28 所示。

(2) 按 Ctrl+J 快捷键复制背景图层,在"图层"控制面板中选择"设置图层的混合模式",再选择"叠加"模式,如图 4-29 所示,叠加后效果如图 4-30 所示。

(3) 执行"图像"→"调整"→"色阶"命令,或按 Ctrl+L 快捷键。在弹出的"色阶"对话框中设置阴影输入色阶为 0,中间输入色阶为 1.07,高光输入色阶为 219,如图 4-31 所示,调整后效果如图 4-32 所示。

图　4-28

图　4-29

图　4-30

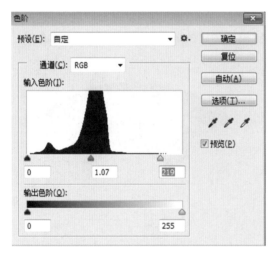

图　4-31

图　4-32

## 4.4.3　实例——给单色图片上色

操作步骤如下：

（1）按 Ctrl＋O 快捷键，打开图片，图像效果如 4-33 所示。

（2）单击"图层"控制面板下方的"创建新图层"按钮，依次创建 8 个新图层，分别将生成的新图层命名为"正餐""免费 wifi""咖啡""棋牌""小吃""看书""酒水""拼车"，如图 4-34 所示。

图 4-33

图 4-34

（3）选择钢笔工具，或反复按 P 键，在图像所需要位置单击建立新锚点，完成路径绘制。按 Ctrl＋Enter 快捷键，将绘制完成路径转换为选区，如图 4-35 所示。

（4）将前景色设为橘色（其 R、G、B 值分别为 167、92、4），选择"正餐"图层，按 Alt＋Delete 快捷键填充前景色。在"图层"控制面板中选择"设置图层的混合模式"，再选择"叠加"模式，按 Ctrl＋D 快捷键取消选区，效果如图 4-36 所示。

图 4-35

图 4-36

（5）前景色设置为蓝色（其 R、G、B 值分别为 37、99、151），按 Alt＋Delete 快捷键填充前景色。在"图层"控制面板中选择"设置图层的混合模式"，再选择"颜色"模式。

（6）选择"咖啡"图层，选择画笔工具或反复按 B 键，在属性栏中单击"画笔预设"选取器，选择"柔边圆"，"大小"设置为 90 像素，如图 4-37 所示。在图像窗口中单击，或拖曳鼠标涂抹需要部分，效果如图 4-38 所示。

（7）选择矩形选框工具或反复按 M 键，在图像中适当的位置单击并按住鼠标不放，选择"咖啡"区域，向右下方拖曳鼠标绘制选区；松开鼠标，矩形选区绘制完成。

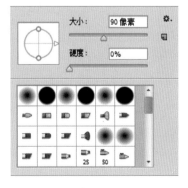

图 4-37

（8）将前景色设为绿色（其R、G、B值分别为59、106、42），选择"咖啡"图层，按Alt＋Delete快捷键填充前景色。在"图层"控制面板中选择"设置图层的混合模式"，再选择"叠加"模式，按Ctrl＋D快捷键取消选区，效果如图4-39所示。

图　4-38　　　　　　　　　　　　　　　　　　图　4-39

（9）任选以上方式依次完成其他图层绘制，效果如图4-40所示。

（10）单击"图层"控制面板下方的"创建新图层"按钮，创建一个新图层，将其命名为"墙"，并将图层拖曳至所有新建图层下方，如图4-41所示。

图　4-40　　　　　　　　　　　　　　　　　　图　4-41

（11）将前景色设为米黄色（其R、G、B值分别为248、230、203），选择油漆桶工具，或反复按G键。在图像窗口中右击，效果如图4-42所示。在"图层"控制面板中选择"设置图层的混合模式"，再选择"正片叠底"模式，效果如图4-43所示。

图　4-42　　　　　　　　　　　　　　　　　　图　4-43

## 4.5 图层蒙版的使用

图层蒙版可以理解为在当前图层上面覆盖一层玻璃片,这种玻璃片有透明的、半透明的、完全不透明的,然后用各种绘图工具在蒙版上(即玻璃片上)涂色(只能涂黑白灰色),涂黑色的地方蒙版变为完全不透明的,看不见当前图层的图像。涂白色则使涂色部分变为透明的,可看到当前图层上的图像,涂灰色使蒙版变为半透明,透明的程度由涂色的灰度深浅决定,是 Photoshop 中一项十分重要的功能。

### 4.5.1 实例——灰色图片上的彩色文字

操作步骤如下:

(1) 按 Ctrl+O 快捷键,打开配套资源中的文件,效果如图 4-44 所示。

(2) 按 Ctrl+J 快捷键复制背景图层,并命名为"图层 1",再次按 Ctrl+J 快捷键复制背景图层,并命名为"图层 2"。选择"图层 1"后选择"图层"控制面板下方的"创建新的填充或调整图层",如图 4-45 所示。将"饱和度"调整为100,如图 4-46 所示。

图 4-44

图 4-45

图 4-46

(3) 选择横排文字工具或按 T 键,在图像窗口中单击,输入需要的文字并选取文字。在属性栏中分别选择合适的字体并设置文字大小,设置"字体"为"叶根友毛笔行书 2.0 版","大小"为 170 点,如图 4-47 所示。

(4) 在"图层"控制面板中选择"一起看洱海"图层,右击,选择"删格化文字",按住 Ctrl

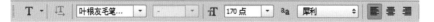

图　4-47

键不放，单击"一起看洱海"图层前的图层缩略图按钮，如图 4-48 所示。单击当前图层前的"指示图层可见性"按钮隐藏当前图层，如图 4-49 所示。

（5）选择图层"图层 2"，单击"图层"控制面板下方的"添加图层蒙版"按钮，如图 4-50 所示。选择"调整"版面，选择"色相/饱和度"，将"饱和度"设置为 100，如图 4-51 所示。最终效果如图 4-52 所示。

图　4-48

图　4-49

图　4-50

图　4-51

图　4-52

## 4.5.2 实例——梦幻潘多拉

（1）按 Ctrl＋O 快捷键，打开配套资源中的文件，效果如图 4-53 所示。

图　4-53

（2）选择图层 1，按 Ctrl＋T 快捷键，再按住 Shift 键和鼠标左键不放拖动，对图层 1 进行变换，使其与背景层匹配，效果如图 4-54 所示。

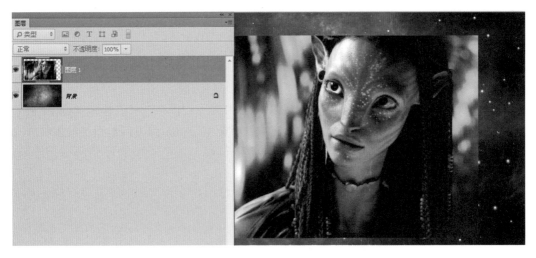

图　4-54

（3）选择图层 1，单击"图层"面板上的添加图层面板按钮 ▣。对图层 1 创建图层蒙版，效果如图 4-55 所示。

（4）选择笔刷工具，将前景色设为黑色，在图层 1 的蒙版图层中进行绘制，将图层叠加模式修改为柔光，效果如图 4-56 所示。

图 4-55

图 4-56

## 4.6　调节图层

当需要对一个或多个图层进行色彩调整,执行"菜单"→"图层"→"新建调整图层"命令,或单击"图层"控制面板下方的"创建新的填充或调整图层"按钮,弹出调整图层的多种方式,选择其中的一种方式,如"色相/饱和度",如图 4-57 所示。

图 4-57

未使用调节层修改前,如图 4-58 所示。

图　4-58

使用调节层修改后,如图 4-59 所示。

图　4-59

# 4.7　实例——多彩唇色实例

操作步骤如下:

(1) 按 Ctrl+O 快捷键,打开配套资源中的文件,效果如图 4-60 所示。

(2) 选择"路径"控制面板下方的"创建新路径"按钮,利用钢笔工具绘制一个新路径,将其命名为"嘴唇轮廓",如图 4-61 所示。按住 Ctrl 建,单击"路径"控制面板中"嘴唇轮廓"路径前的"路径缩览图",建立选区,如图 4-62 所示。

(3) 按 Shift+F6 快捷键羽化选区,设置"羽化半径"为 2,如图 4-63 所示。选择"图层"面板下方的"创建新的填充或调节图层"→"色相/饱和度",改变嘴唇颜色,将"色相"设置为 -8,"饱和度"设置为 42,如图 4-64 所示。

图 4-60

图 4-61

图 4-62

图 4-63

（4）按住 Ctrl 键，单击图层"色相/饱和度 1"的图层蒙版缩览图，调出之前羽化过的选区。选择"图层"面板下方的"创建新的填充或调节图层"→"纯色"，将"颜色"设置为黑色（其 R、G、B 值分别为 0、0、0），单击"确定"。如图 4-65 所示。

图 4-64

图 4-65

（5）单击图层"颜色填充 1"的图层缩览图，执行"滤镜"→"杂色"→"添加杂色"命令，在弹出的"添加杂色"对话框中设置"数量"为 12%，"分布"为"高斯分布"，选中"单色"复选框，如图 4-66 所示。

（6）按 Ctrl+L 快捷键，在弹出的"色阶"对话框中设置阴影输入色阶为 39，中间输入色阶为 0.87，高光输入色阶为 205，如图 4-67 所示。在"图层"控制面板中选择"设置图层的混合模式"，再选择"线形减淡（添加）"模式，如图 4-68 所示。

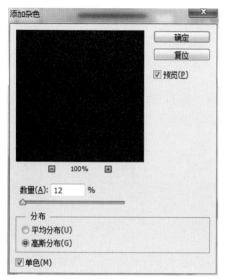

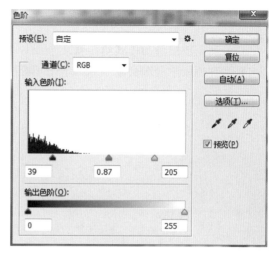

图 4-66 图 4-67

(7) 按住 Ctrl 键,单击图层"色相/饱和度 1"的图层蒙版缩览图,调出之前羽化过的选区。选择"图层"面板下方的"创建新的填充或调节图层"→"渐变映射",在弹出的面板中选中"反向"复选框,设置渐变映射的渐变条,如图 4-69 所示。在"图层"控制面板中,将图层"渐变映射 1"的混合模式设置为"滤色","不透明度"修改为 63%,如图 4-70 所示。最终效果如图 4-71 所示。

图 4-68

图 4-69

图 4-70

图 4-71

## 4.8　课后实训

（1）利用图层叠加模式给一张灰色图片上色。

（2）利用所学的图层蒙版和调节与填充图层知识，对一张西瓜特写图片进行变色处理。

## 5.1　认识通道

通道是 Photoshop 的高级功能,它与图像内容、色彩和选区有关。为了记录选区范围,可以通过黑与白的形式将其保存为单独的图像,进而制作各种效果。人们将这种独立并依附于原图的、用以保存选择区域的黑白图像称为"通道"(channel)。换言之,通道才是图像处理中最重要的部分。图像的颜色信息保存在通道中,因此,我们使用任何一个调色命令调整颜色时,都是通过通道来影响色彩的。

## 5.2　通道的分类

通道作为图像的组成部分,与图像的格式是密不可分的,图像颜色、格式的不同决定了通道的数量和模式,在通道面板中可以直观地看到。如图 5-1 所示。

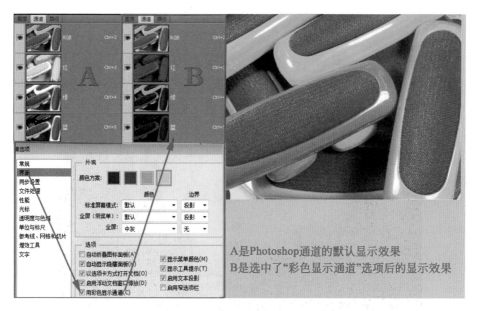

图　5-1

在 Photoshop 中涉及的通道主要有:
(1) 复合通道(Compound Channel)。
复合通道不包含任何信息,实际上它只是同时预览并编辑所有颜色通道的一个快捷方式。它通常被用来在单独编辑完一个或多个颜色通道后使通道面板返回到它的默认状态。对于不同模式的图像,其通道的数量是不一样的。在 Photoshop 之中,通道涉及三个模式。对于一个 RGB 图像,有 RGB、R、G、B 四个通道;对于一个 CMYK 图像,有 CMYK、C、M、Y、K 五个通道;对于一个 Lab 模式的图像,有 Lab、L、a、b 四个通道。

（2）颜色通道(Color Channel)。

当你在 Photoshop 中编辑图像时,实际上就是在编辑颜色通道。这些通道把图像分解成一个或多个色彩成分,图像的模式决定了颜色通道的数量,RGB 模式有三个颜色通道,CMYK 图像有四个颜色通道,灰度图只有一个颜色通道,它们包含了所有将被打印或显示的颜色。

（3）专色通道(Spot Channel)。

专色通道是一种特殊的颜色通道,它可以使用除了青色、洋红(有人叫品红)、黄色、黑色以外的颜色来绘制图像。因为专色通道一般人用得较少且多与打印相关。

（4）Alpha 通道(Alpha Channel)。

Alpha 通道是计算机图形学中的术语,指的是特别的通道。有时它特指透明信息,但通常的意思是"非彩色"通道。这是我们真正需要了解的通道,可以说我们在 Photoshop 中制作出的各种特殊效果都离不开 Alpha 通道,它最基本的用处在于保存选取范围,并不会影响图像的显示和印刷效果。当图像输出到视频,Alpha 通道也可以用来决定显示区域。这个通道在 After Effects 等影视后期合成软件中应用很广泛。

（5）单色通道。

这种通道的产生比较特别,也可以说是非正常的。如果你在通道面板中随便删除其中一个通道,就会发现所有的通道都变成"黑白"的,原有的彩色通道即使不删除也变成灰度的了。

## 5.3 实例——利用通道抠像并使春天变秋天

操作步骤如下:

（1）按 Ctrl+O 快捷键,打开配套资源中的文件,效果如图 5-2 所示。

图　5-2

（2）选择"通道"控制面板，选择"蓝"通道，将之拖曳到下方的"创建新通道"处，创建一个新通道，将其命名为 alpha，如图 5-3 所示。执行"图像"→"调整"→"色阶"命令，或按 Ctrl＋L 快捷键，在弹出的"色阶"对话框中设置阴影输入色阶为 58，中间输入色阶为 0.47，高光输入色阶为 146，如图 5-4 所示，最终效果如图 5-5 所示。

图　5-3

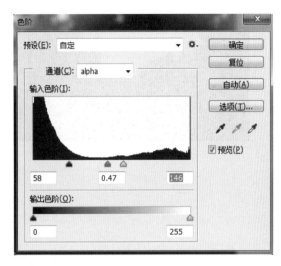

图　5-4

（3）选择画笔工具，或反复按 B 键。在属性栏中单击"画笔预设"选取器，选择"柔边圆"，"大小"设置为 195 像素，将前景色设为黑色（其 R、G、B 值分别为 0、0、0）。在图像窗口中拖曳鼠标，涂抹黑色部分，效果如图 5-6 所示。将前景色设为白色（其 R、G、B 值分别为 255、255、255）。在图像窗口中拖曳鼠标，涂抹天空色部分，效果如图 5-7 所示。

图　5-5

图　5-6

（4）按住 Ctrl 键不放，单击 Alpha 通道前的通道缩览图建立选区，选择"通道"控制面板，选择通道 RGB、"红""绿""蓝"，如图 5-8 所示。选择"图层"控制面板，按 Ctrl＋Shift＋I 快捷键反选选区，效果如图 5-9 所示。

（5）执行"图像"→"调整"→"通道混和器"命令，在弹出的"通道混和器"对话框的"源通道"中设置"红色"为−50％，"绿色"为 200％，"蓝色"为 9％，如图 5-10 所示。单击"确定"按钮，最终效果如图 5-11 所示。

图　5-7 　　　　　　　　　　　　　　　　　　　　　图　5-8

图　5-9 　　　　　　　　　　　　　　　　　　　　　图　5-10

图　5-11

## 5.4 实例——利用红通道将皮肤变白

操作步骤如下：

(1) 按 Ctrl＋O 快捷键，打开配套资源中的文件，效果如图 5-12 所示。

(2) 单击"通道"控制面板，选择"红"通道，如图 5-13 所示，按住 Ctrl＋A 快捷键全选，执行"编辑"→"拷贝"命令，回到背景层，单击右下倒数第二个图标，复制一个图层，将其命名为"图层 1"，单击"图层 1"，按 Ctrl＋V 快捷键，将"红"通道复制到"图层 1"，效果如图 5-14 所示。

图　5-12

图　5-13

(3) 单击右下方第三个小图标，给"图层 1"添加一层蒙版，单击"蒙版"图标，按下 Ctrl＋Delete 快捷键，给蒙版填充一个黑色，如图 5-15 所示。然后使用画笔工具，选择前景色"白色"，在蒙版上将模特的脸、脖子和手臂擦出来。效果如图 5-16 所示。

图　5-14

图　5-15

(4) 单击"图像模式"，选择"柔光"，效果如图 5-17 所示，按住 Ctrl＋L 快捷键调整色阶。调整值为 21、1.49、219。如图 5-18 所示。

(5) 单击"确定"按钮，最后效果图如 5-19 所示。

图 5-16

图 5-17

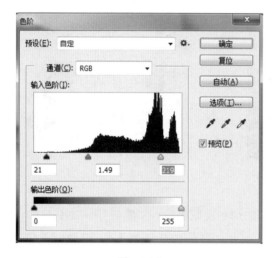

图 5-18

图 5-19

## 5.5 实例——几种灰色图片获取的方法

操作步骤如下：

按 Ctrl+O 快捷键，打开图像文件，如图 5-20 所示。

方法一：执行"图像"→"模式"→"灰度"命令，效果如图 5-21 所示。

图 5-20

图 5-21

方法二：执行"图像"→"调整"→"去色"命令,效果如图 5-22 所示。

图　5-22

方法三：按 Ctrl+U 快捷键,在弹出的对话框中将色相的饱和度调成 0,效果如图 5-23 所示。

方法四：执行"图像"→"模式"→"Lab 颜色"命令,将通道里面的明度通道复制出来,效果如图 5-24 所示。

图　5-23

图　5-24

# 5.6　实例——反转负冲效果

操作步骤如下：

(1) 按 Ctrl+O 快捷键,打开配套资源中的文件,效果如图 5-25 所示。

单击"通道",选择"蓝"通道,单击菜单栏中的"图像"按钮,选择"应用图像",选中"反相"复选框,"混合"设置为"正片叠底","不透明度"设置为 50%,如图 5-26 所示,效果如图 5-27 所示。

选择"绿"通道,单击菜单栏中的"图像"按钮,选择"应用图像",选择"绿"通道,选中"反相"复选框,"混合"设置为"正片叠底","不透明度"设置为 20%,如图 5-28 所示,效果如图 5-29 所示。

图　5-25

第5章　Photoshop通道与图像调整 ◀◀◀

图　5-26　　　　　　　　　　　　　　图　5-27

图　5-28　　　　　　　　　　　　　　图　5-29

（2）选择"红"通道，单击菜单栏中的"图像"按钮，选择"应用图像"，"混合"设置为"颜色加深"，"不透明度"设置为100%，如图5-30所示，效果如图5-31所示。

图　5-30　　　　　　　　　　　　　　图　5-31

（3）选择"蓝"通道，按Ctrl＋L快捷键，调整色阶，色阶值分别为25、0.75、150，如图5-32所示，效果如图5-33所示。

（4）选择"绿"通道，按Ctrl＋L快捷键，调整色阶，色阶值分别为40、1.20、220，如图5-34所示，效果如图5-35所示。

（5）选择"红"通道，按Ctrl＋L快捷键，调整色阶，色阶值分别为50、1.3、255，如图5-36所示，效果如图5-37所示。

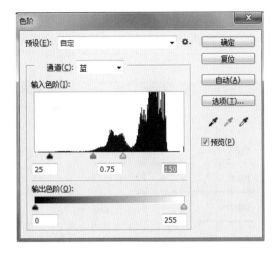

图　5-32

图　5-33

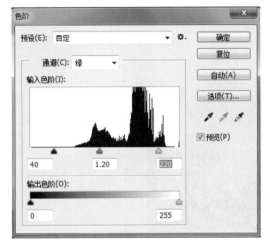

图　5-34

图　5-35

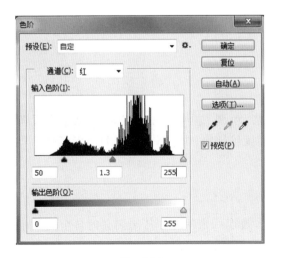

图　5-36

图　5-37

（6）全选通道，单击"图像"按钮，选择"调整"，单击"亮度/对比度"，设置"宽度"为－7、"对比度"为22，如图5-38所示，执行"图像"→"调整"→"色相/饱和度"命令，设置"色相"为0、"饱和度"为6、"明度"为0，如图5-39所示。

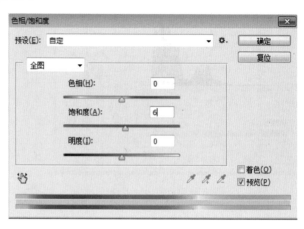

图 5-38

图 5-39

（7）最终效果如图5-40所示。

图 5-40

# 5.7 图像调整

在Photoshop中，可以很方便地对图像的色彩、色调、饱和度、亮度以及对比度进行调整，从而弥补图像中的色彩失衡、曝光不足或者过度等缺陷；同时，还可以创作出多种色彩效果的图像。

## 5.7.1 色阶

色阶是表示图像中从暗到亮像素的分布情况，表现一张图片中从暗到亮的各个层级中像素的分布数量。通过Photoshop的色阶工具，可以调整图片的亮度。

如图 5-41 所示，从色阶图中可以看到有 X、Y 两个轴，X 轴从左到右用 0～255 即 256 级表示从黑到白的变化过程，Y 轴表示对应 X 轴 256 级的亮度分布中不同亮度的像素数量。

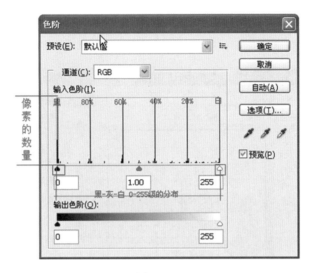

图　5-41

通过色阶工具将明暗不足的图片调整为较为正常的效果，如图 5-42 所示，其中：

a——原始图片。

b——原始图片色阶信息。

c——调节色阶后的图片。

d——调节后的色阶信息。

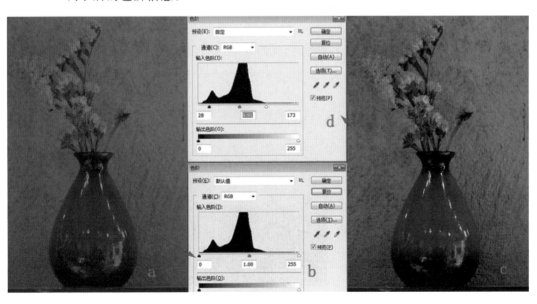

图　5-42

### 5.7.2 曲线

曲线是 Photoshop 中最强大的调整工具,它具有"色阶""阈值""亮度/对比度"等多个命令的功能。曲线上可以添加 14 个控制点,这意味着我们可以对色调进行非常精确的调整,如图 5-43 所示。

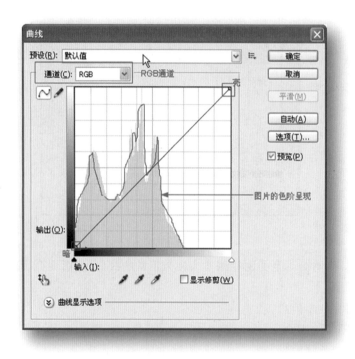

图　5-43

在斜线中间添加控制点并向上调整时(见图 5-44(a)),图片变亮(见图 5-44(b))。

(a)　　　　　　　　　　　　　　　　(b)

图　5-44

在斜线中间添加控制点并向下调整时(见图5-45(a)),图片亮度变暗(见图5-45(b))。

<table>
<tr><td>(a)</td><td>(b)</td></tr>
</table>

图　5-45

调整明暗对比效果如图5-46所示,将曲线面板高亮部分(右上A点)向上调整,将暗部(左下B点)向下调整加暗部(见图5-46(a)),图片的明暗对比更强,层次感更强(见图5-46(b))。

<table>
<tr><td>(a)</td><td>(b)</td></tr>
</table>

图　5-46

### 5.7.3　色相/饱和度

在拍照时因为光线或其他的原因,有时拍出来的照片颜色较暗不够鲜亮,与实物颜色有一定的差别,这时可以使用"色相/饱和度"工具来调整颜色的浓淡,如图5-47所示。

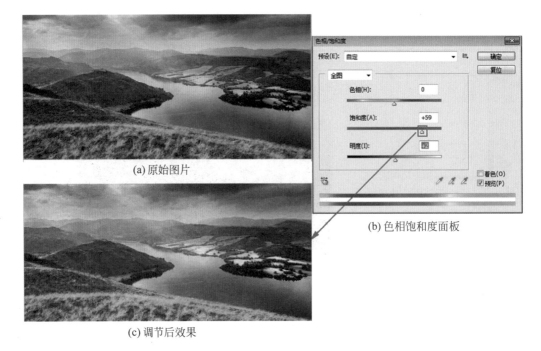

(a) 原始图片

(b) 色相饱和度面板

(c) 调节后效果

图　5-47

## 5.8　实例——黄绿调调色

操作步骤如下：

(1) 按 Ctrl+O 快捷键，打开配套资源中的文件，效果如图 5-48 所示。

(2) 按 Ctrl+J 快捷键复制背景图层，生成新图层"图层 1"。选择"图层"控制面板中选择"设置图层的混合模式"，再选择"叠加"模式，效果如图 5-49 所示。

图　5-48

图　5-49

(3) 按 Ctrl+J 组合键复制"图层 1"，生成新图层"图层 1 拷贝"。选择图层"图层 1 拷贝"，选择"图层"控制面板下方的"添加图层蒙版"，并将前景色设置为黑色（其 R、G、B 值分别为 0、0、0）。选择画笔工具或反复按 B 键，在图像矢量蒙版中涂抹人物皮肤部分，如图 5-50 所示。

(4) 选择"图层"控制面板下方的"创建新的填充或调整图层"按钮，选择"曲线"。选择模式"红",设置"输入"为121,"输出"为158,如图 5-51 所示。选择模式"蓝",设置"输入"为109,"输出"为71,如图 5-52 所示。按 Ctrl＋Shift＋Alt＋E 快捷键盖印图层,生成新图层"图层 2"。按 Ctrl＋L 快捷键调整色阶,在弹出的"色阶"对话框中设置阴影输入色阶为 6,中间输入色阶为 1.3,高光输入色阶为 243,如图 5-53 所示。此步骤注意在曲线和色阶的图层蒙版中涂抹人物皮肤部分。将人物皮肤原色擦出。

图　5-50

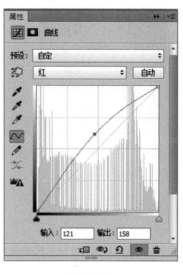

图　5-51

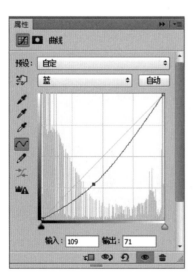

图　5-52

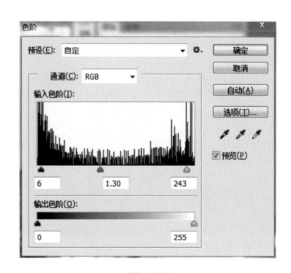

图　5-53

（5）按 Ctrl＋J 快捷键,复制"图层 2",生成"图层 2 拷贝",执行"滤镜"→"模糊"→"高斯模糊"命令,在弹出的"高斯模糊"对话框中设置"半径"为 6.6 像素,如图 5-54 所示。

（6）选择"图层 2 拷贝",选择"图层"控制面板下方的"添加图层蒙版"。选择渐变工具或反复按 G 键,在属性栏中选择"径向渐变",在图层蒙版的人物的中间位置按住鼠标左键不放,向右拖曳渐变方向,即可得到人物清晰背景模糊的效果,如图 5-55 所示。

图　5-54

图　5-55

## 5.9　课后实训

1. 利用通道对自己的肤色进行美白处理。
2. 搜索一张青山绿水为背景的婚纱照,将其调节成清新黄绿色调。
3. 搜索一张亮度不足的婚片,将其调成暖色温馨意境的感觉。

# 第 6 章 Photoshop路径

## 6.1 路径介绍

　　路径作为 Photoshop 软件的重要功能，与通道和图层一样，也有一个专门的控制面板：路径面板。

　　目前流行的图像处理软件，大多都具有路径的功能，如 Flash、CorelDRAW、Illustrator，在 Photoshop 中编辑的路径也可以方便地导入到上述软件中。在 Photoshop 中，钢笔工具是绘制路径时最为常用的一个工具。

### 6.1.1 路径的概念

　　首先路径是矢量的。如果说图像中什么东西是矢量的，那么它就是由路径所组成的。其次，路径可以是与选区类似的封闭区域，也可以只是一条首尾并不相连的线段，分别称作封闭路径和开放路径。线段可以是直线也可以是曲线，或两者兼而有之。再者，路径在 Photoshop 中是指示性的，本身并不能直接构成图像的一部分，只有在将其作为图层蒙版或填色及用画笔描边后，才会对图像像素产生影响。在这一点上与选区类似，单纯地创建或修改选区也不能直接令图像发生改变。

### 6.1.2 路径面板

　　执行"窗口"→"路径"命令，打开"路径"面板，如图 6-1 所示，其主要作用是对已经建立的路径进行管理和编辑处理。

　　(1)——用前景色填充路径：可以将当前的路径内部完全填充为前景色。

　　(2)——用画笔描边路径：可以使用画笔工具和前景色对路径外轮廓进行描边。

　　(3)——路径转化为选区：可以将被选中的路径转化成选区。

　　(4)——选区转化成工作路径：可以将选区转化为路径。

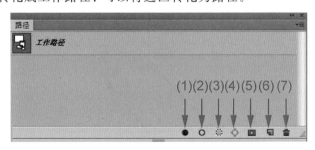

图　6-1

（5）——添加矢量蒙版：可以为选择的图层添加一个矢量蒙版。

（6）——创建新路径：可以创建一个新的路径。

（7）——删除当前路径：用于删除当前选择的路径。

## 6.2 路径的创建

在 Photoshop 中，可以通过特殊路径、钢笔工具或者将选区转化成路径等方式创建路径。

### 6.2.1 特殊路径

在 Photoshop 中，定义了矩形工具、圆角矩形工具、椭圆工具、多边形工具、直线工具、自定形状工具共六种工具，选择这些工具，在工具属性中选择路径，这样就能通过这些工具作出路径，如图 6-2 所示。

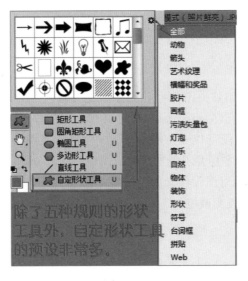

图　6-2

### 6.2.2 钢笔工具绘制自由路径

选择钢笔工具，工具属性选择路径，单击路径起点，再单击第二个锚点不松手，拉动鼠标调节路径曲率，绘制出需要的路径形状，如图 6-3 所示。

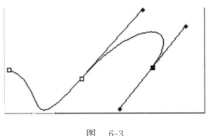

图　6-3

### 6.2.3　将选区转换为路径

创建一个选区,单击"路径"面板中的"将选区转换为路径"按钮,可以将之前的选区转化成路径,如图 6-4 所示。

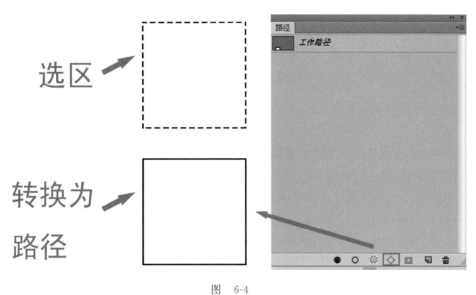

图　6-4

## 6.3　路径的编辑

通常情况下,路径创建完成以后需要进行一定的编辑,因此需要路径编辑工具对路径进行适当的修改,从而达到我们想要的效果。

### 6.3.1　选择路径

要编辑路径,首先要选择编辑的对象,选择路径的工具有两种,分别是路径选择工具和直接选择工具,如图 6-5 所示。

路径选择工具通常用来对路径进行选择和移动,在按住 Alt 键的同时拖移路径还可以实现路径的复制,在按住 Shift 键的同时单击多个路径可以同时选择多个路径。

图　6-5

利用直接选择工具,可以选中路径中的描点,对路径可以进行精确的调整。如果需要同时选择多个锚点,可以用鼠标框选实现。

### 6.3.2　路径锚点的编辑

路径锚点有 3 种:无调杆的锚点、两侧调杆一同调节的锚点、两侧调杆分别调节的锚点,如图 6-6 所示。

3 种锚点之间可以利用转换点工具进行相互转换。选择转换点工具,单击任意锚点都可以使其转换为无调杆锚点,单击该锚点并按住鼠标左键拖动,可以使其转换为两侧调杆一

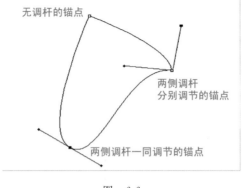

无调杆的锚点

两侧调杆
分别调节的锚点

两侧调杆一同调节的锚点

图　6-6

同调节方式,再使用转换点工具移动调杆,又可以使其转换为两侧调杆分别调节方式。在绘制路径曲线时,锚点的两侧调杆分别调节方式较难控制。

如果路径上的锚点需要增加或减少可以使用添加锚点工具和删除锚点工具。

# 6.4　实例——制作剪纸文字

操作步骤如下:

(1) 按 Ctrl+O 快捷键,打开配套资源中的文件,效果如图 6-7 所示。按 Ctrl+N 快捷键新建图像,设置"宽度"为 1280 像素,"高度"为 720 像素,"分辨率"为 300 像素/英寸,命名为"背景 1"。

(2) 选择魔术橡皮擦工具,单击待处理图像中空白部分,如图 6-8 所示。按 V 键单击图像所需要部分,并按住鼠标左键不放,拖曳至"背景 1",松开鼠标,按 Ctrl+T 快捷键调整至适合的大小。

图　6-7

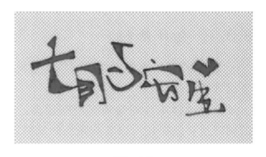

图　6-8

(3) 选择"路径"控制面板下方的"创建新路径"按钮,分别建立新路径为"七""月""与""安""生""心形",如图 6-9 所示。

(4) 选择钢笔工具。选择路径"七",在图像所需要位置单击建立新锚点并按住鼠标左键不放,拖曳鼠标,建立曲线段和曲线锚点,松开鼠标,使用钢笔工具再次建立新的锚点。完成锚点后,可选择添加锚点工具和删除锚点工具对锚点进行增删,还可选择转换点工具,按住 Alt 键,任意改变两个调节手柄中的一个手柄,对路径中的线段进行调整,最终得到的效果如图 6-10 所示。

图 6-9

图 6-10

（5）单击"图层"控制面板中"图层2"左边的"指示图层可见性"，如图6-11所示。单击"路径"控制面板中名为"七"的路径，如图6-12所示。并将前景色设置为红色（其R、G、B值分别为213、41、41），选择"身体"图层和路径，单击"路径"控制面板下方的"用前景色填充路径"工具，效果如图6-13所示。

图 6-11

图 6-12

（6）依次完成剩余路径的"用前景色填充路径"，效果如图6-14所示。

图 6-13

图 6-14

第6章 Photoshop路径

## 6.5 实例——自定义图案绘制美丽的乐章

操作步骤如下：

（1）按 Ctrl＋N 快捷键，新建一个文档，设置"宽度"为 720 像素，"高度"为 400 像素，"分辨率"为 120 像素/英寸，"颜色模式"为 RGB，"背景内容"为白色。

（2）单击"路径"控制面板下方的"创建新路径"按钮，创建一个新路径"路径 1"。选择钢笔工具，绘制第一条路径，如图 6-15 所示。

（3）单击"图层"控制面板下方的"创建新图层"按钮，创建一个新图层"图层 1"，设置前景色为玫红色（其 R、G、B 值分别为 213、45、183）。

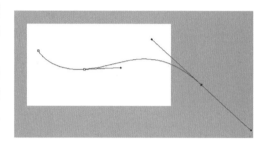

图 6-15

（4）选择画笔工具，在属性栏中单击"画笔"选项右侧的按钮，在弹出的面板中选择需要的画笔形状，如图 6-16 所示，再次单击属性栏中的"切换画笔面板"按钮，弹出"画笔"控制面板，在面板中进行设置，如图 6-17 所示。单击"路径"控制面板右上角的按钮，选择"描边路径"，选择"工具"为"画笔"，选中"模拟压力"复选框，如图 6-18 所示。

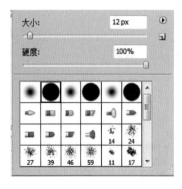

图 6-16

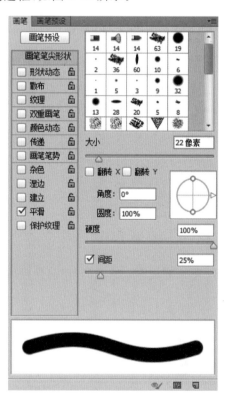

图 6-17

（5）确定描边路径后的效果如图 6-19 所示，再次创建新路径和新图层，分别为"路径 2""路径 3""路径 4""路径 5"和"图层 2""图层 3""图层 4""图层 5"，依次绘制新路径。

图　6-18　　　　　　　　　　　　　　　　　　图　6-19

（6）将其前景色分别设置为蓝色（其 R、G、B 值分别为 46、46、224）、绿色（其 R、G、B 值分别为 56、215、56）、橘色（其 R、G、B 值分别为 239、120、14）、浅蓝色（其 R、G、B 值分别为 44、235、224），效果如图 6-20 所示。

（7）选择自定形状工具，在属性栏中单击形状按钮，弹出自定义图案面板，如图 6-21 所示，再单击面板右上角的按钮，选择音符图案，如图 6-22 所示。取消图层选择，再选择音符图案，按住 Shift 键单击并拖曳，效果如图 6-23 所示。再次取消图层选择，选择适合的音符图案，重复之前的操作，效果如图 6-24 所示。

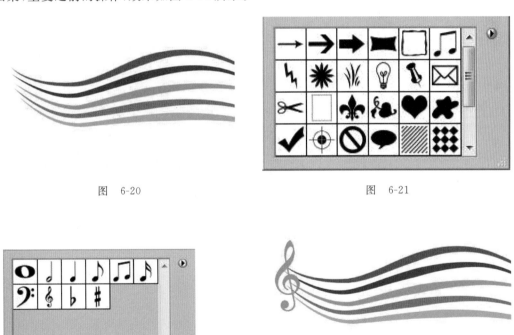

图　6-20　　　　　　　　　　　　　　　　　　图　6-21

图　6-22　　　　　　　　　　　　　　　　　　图　6-23

（8）双击"图层"控制面板中图层缩略图前的"拾取实色"按钮，选择适合的颜色填充音符图案，并调整音符的图层缩略图与图层 1～图层 5 的前后位置，效果如图 6-25 所示。

图　6-24

图　6-25

（9）选择渐变工具，在属性栏中单击"渐变编辑器"按钮，在弹出的"渐变编辑器"对话框中进行预设，选择"黑、白渐变"，单击下方的"色标"按钮，调整渐变颜色，将其设为浅蓝色（其R、G、B值分别为190、221、237），如图 6-26 所示，单击"确定"按钮颜色即可改变。最后在画面中上方按下鼠标左键不放，向下拖曳渐变方向，即可得到渐变效果，如图 6-27 所示。

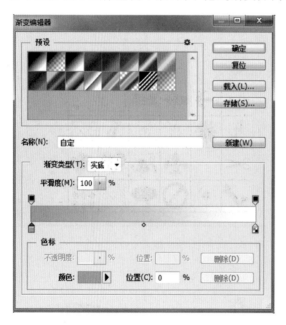

图　6-26

图　6-27

# 6.6　实例——绘制愤怒小鸟动画角色

操作步骤如下：

（1）按 Ctrl＋O 快捷键，打开配套资源中的文件，效果如图 6-28 所示。

（2）单击"图层"控制面板下方的"创建新图层"按钮，或者按 Ctrl＋Shift＋N 快捷键，生成新图层并将其命名为"图层 1"。将前景色设为黑色（其 R、G、B 值分别为 0、0、0）。选择油漆桶工具，在图像窗口中单击，并将控制面板中的"不透明度"设为 75％，效果如图 6-29 所示。

图 6-28

图 6-29

（3）将控制面板中"路径"拖曳至图像窗口右上角，并单击"路径"控制面板右下角的"创建新路径"按钮。建立的新路径分别命名为"身体""鸡冠尾巴""眉毛""眼睛""嘴巴""舌头""肚皮""高光""阴影1""阴影2""投影"，如图6-30所示。

（4）选择路径"身体"，选择钢笔工具，或按P键，在图像所需要位置单击建立新锚点并按住鼠标左键不放，拖曳鼠标，建立曲线段和曲线锚点，如图6-31所示。

（5）建立锚点后，可选择添加锚点工具和删除锚点工具对锚点进行增删，还可选择转换点工具，按住Alt键，任意改变两个调节手柄中的一个手柄，对路径中的线段进行调整，最终得到的效果如图6-32所示。

（6）依次用钢笔工具完成每个路径的绘制，并按Ctrl＋Shift＋N快捷键，生成与路径相对应的新图层，如图6-33所示。

图 6-30

图 6-31

图 6-32

（7）选择"身体"图层和路径，单击"路径"控制面板下方的"用前景色填充路径"工具（其前景色R、G、B值分别为240、218、34），如图6-34所示，效果如图6-35所示。

（8）按B键选择画笔工具，在画笔属性栏中设定画笔类型（画笔属性为硬边笔刷，"大小"为4像素），单击"路径"控制面板下方的"用画笔描边路径"工具（其前景色的R、G、B值分别为0、0、0）。

85

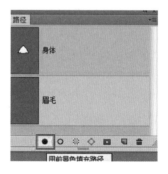

图　6-33　　　　　　　　　　　　　　　图　6-34

（9）按以上步骤完成剩余路径的填充和描边，用画笔绘制眼珠，最终效果如图 6-36 所示。

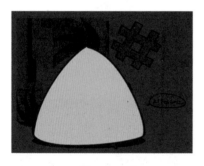

图　6-35　　　　　　　　　　　　　　　图　6-36

# 6.7　实例——绘制粉红猪小妹卡通形象

操作步骤如下：

（1）按 Ctrl＋N 快捷键，新建一个文档，设置"宽度"为 939 像素，"高度"为 1024 像素，"分辨率"为 72 像素/英寸，"颜色模式"为 RGB 颜色，背景内容为白色。效果如图 6-37 所示。

在工具栏中选择钢笔工具 ，在工具属性栏中将钢笔的工作模式设置为 形状 ，将填充颜色的 RGB 值分别设置为 246、168、254，如图 6-38 所示。

（2）将形状描边类型的 RGB 值分别设置为 253、67、255。形状描边宽度为 10 点，如图 6-39 所示。

图 6-37

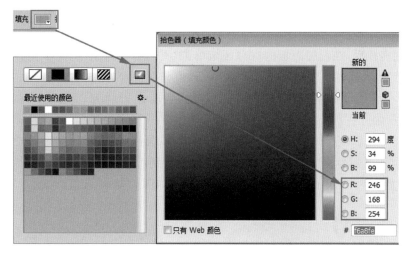

图 6-38

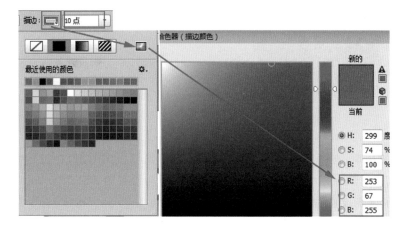

图 6-39

（3）在文档中依次绘制"头部"外轮廓、"耳朵""嘴巴"和"脸蛋"。绘制完成后，通过调节钢笔工具的锚点对形状进行编辑，效果如图 6-40 所示。

图　6-40

（4）绘制完成后，在图层面板的空白区域单击，不选择任何图层，在工具栏中选择钢笔工具 ，在其工具属性栏中将填充颜色的 RGB 值分别设置为 255、255、255。将形状描边类型的 RGB 值分别设置为 229、43、251。形状描边宽度为 11.3 点。绘制"眼睛"外轮廓，效果如图 6-41 所示。

（5）绘制完成后，在图层面板的空白区域单击，不选择任何图层，在工具栏中选择钢笔工具 ，在其工具属性栏中将填充颜色的 RGB 值分别设置为 0、0、0。将形状描边类型设置为无颜色，如图 6-42 所示。绘制"黑色眼珠"，效果如图 6-43 所示。

图　6-41

图　6-42

（6）绘制完成后，在图层面板的空白区域单击，不选择任何图层，在工具栏中选择钢笔工具 ，在其工具属性栏中将填充颜色的 RGB 值分别设置为 252、128、252。将形状描边类型的 RGB 值分别设置为 253、67、255。形状描边宽度为 10 点。绘制"鼻子"。

（7）绘制完成后，在图层面板的空白区域单击，不选择任何图层，在工具栏中选择钢笔工具 ，在其工具属性栏中将填充颜色的 RGB 值分别设置为 254、128、254。将形状描边类型的 RGB 值分别设置为 177、35、251。形状描边宽度为 104 点。绘制"鼻孔"，效果如图 6-44 所示。

图 6-43                                 图 6-44

(8) 绘制完成后，在图层面板的空白区域单击，不选择任何图层，在工具栏中选择钢笔工具 ，在其工具属性栏中将填充颜色的 RGB 值分别设置为 255、24、44。将形状描边类型的 RGB 值分别设置为 229、13、37。形状描边宽度为 10 点。绘制"躯干"，效果如图 6-45 所示。

(9) 绘制完成后，在图层面板的空白区域单击，不选择任何图层，在工具栏中选择钢笔工具 ，在其工具属性栏中将填充颜色设置为无颜色 。将形状描边类型的 RGB 值分别设置为 244、171、252。形状描边宽度为 13 点。分别绘制"四肢"和"尾巴"，效果如图 6-46 所示。

图 6-45                                 图 6-46

(10) 绘制完成后，在图层面板的空白区域单击，不选择任何图层，在工具栏中选择钢笔工具 ，在其工具属性栏中将填充颜色的 RGB 值分别设置为 0、0、0。将形状描边类型设置为无颜色。绘制"脚"，效果如图 6-47 所示。

图　6-47

## 6.8　课后实训

（1）利用自定形状工具绘制一幅剪贴风景画。

（2）绘制一幅自己喜欢的卡通形象。

## 7.1　文字介绍

在设计作品时，文字是作品的重要组成部分，它不仅可以传达信息（如图 7-1 所示），还能起到美化画面、强化主题的作用（如图 7-2 所示）。Photoshop 中的文字是由以数学方式定义的形状组成，是基于矢量的轮廓，将文字进行栅格化以后，文字才变成了图像。

图　7-1

图　7-2

## 7.2　文字的编辑

Photoshop 的文字工具内含四个工具，分别是横排文字工具、直排文字工具、横排文字蒙版工具、直排文字蒙版工具，这个工具的快捷键是字母 T，如图 7-3 所示。

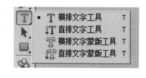

图　7-3

### 7.2.1　横排文字工具、直排文字工具

**1. 输入文本**

（1）选择文字工具。

（2）在图像上欲输入文字处单击，出现小的"I"图标，这就是输入文字的基线。

（3）输入所需文字，输入的文字将生成一个新的文字图层，如图 7-4 所示。

**2. 在文本框中输入文字**

（1）选择文字工具。

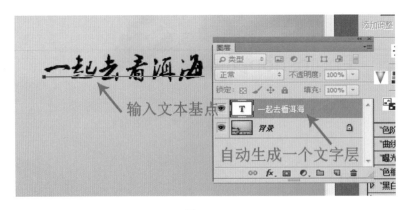

图　7-4

（2）在欲输入文字处用鼠标拖曳出文本框，在文本框中出现小的"I"图标，输入所需文字，如图7-5所示。

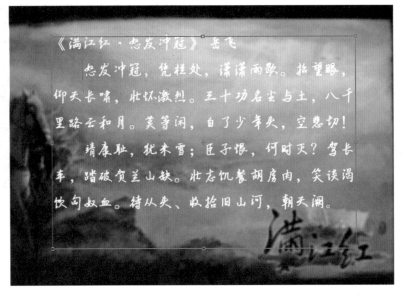

图　7-5

## 7.2.2　横排文字蒙版工具、直排文字蒙版工具

**1. 输入文本**

（1）选择文字蒙版工具。

（2）在图像上欲输入文字处单击，出现小的"I"图标，这就是输入文字的基线。

（3）输入所需文字，与文字工具不同的是，文字蒙版工具得到的是具有文字外形的选区，不具有文字的属性，也不会像文字工具那样生成一个独立的文字层，如图7-6所示。

**2. 文本工具的属性栏**

在创建文字前或创建文字之后，都可以通过该属性栏对创建的文字进行编辑。可以对文字的字体、大小、样式、对齐方式、形状、颜色等进行设置，如图7-7所示。

图　7-6

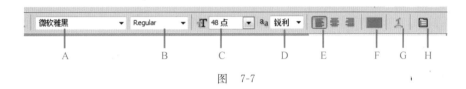

图　7-7

A——在这里选择需要的字体样式,如中文字体还是西文字体。

B——针对西文而设置的字体。

C——字体的大小。

D——字体的表现形式。

E——对齐方式。

F——字体的颜色。

G——创建变形文字。可对创建的文字进行变形处理,如图 7-8 所示。

H——文字段落的调整。

图　7-8

## 7.2.3　文字转化成路径

　　有些经过设计师设计的艺术字体,是无法直接用文字创建的,需要将文字转化成路径,再对路径进行编辑,编辑后才能达到设计要求。

　　操作步骤如下:

（1）在 Photoshop 中打开输入好文字的文件，如图 7-9 所示。

图　7-9

（2）将鼠标指针置于文字图层框内，同时按 Ctrl 键和鼠标左键，调出文字选区，如图 7-10 所示。

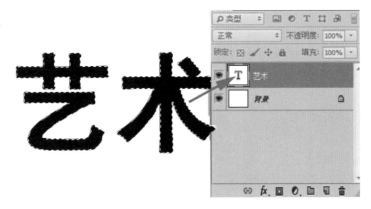

图　7-10

（3）单击"路径"面板，单击"从选区生成路径"按钮，如图 7-11 所示。

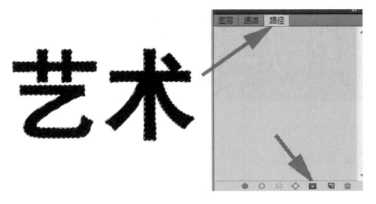

图　7-11

（4）这样选区就变成了路径，将文字图层隐藏，可更清晰地看见路径，再通过路径的调节变换出想要的字体，如图 7-12 和图 7-13 所示。

图　7-12

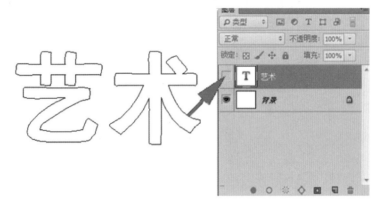

图　7-13

# 7.3　路径上的文字

除了直接输入文字以外，还可以在创建的路径上输入文字。

## 7.3.1　标准形状上的文字

文字除了可以转化成路径或者形状，还可以沿路径排列，也可以编辑特殊形状的段落文字，如图 7-14 所示。

## 7.3.2　特殊形状的段落

对于闭合路径，可以将文字工具指针放置在路径内部，单击录入文本，得到特殊形状的段落。此时根据需求可以调整路径的形状，对路径进行编辑得到想要的特殊形状段落，如图 7-15 所示。

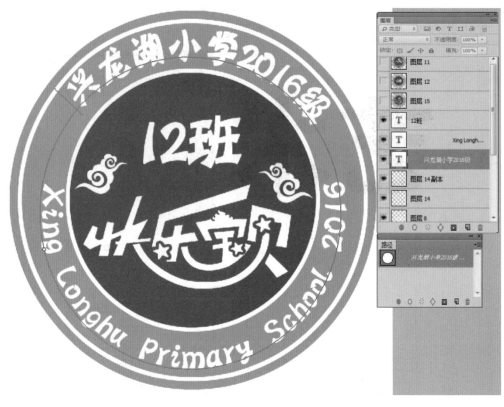

图 7-14

图 7-15

## 7.4  添加字体库

系统自带的文字样式有限,可以通过在网络上下载新的字体库,利用 Photoshop 结合相应图片进行创作。

操作步骤如下:

(1)在网上找到想要安装的字体,这里以书法字体为例,如图 7-16 所示。

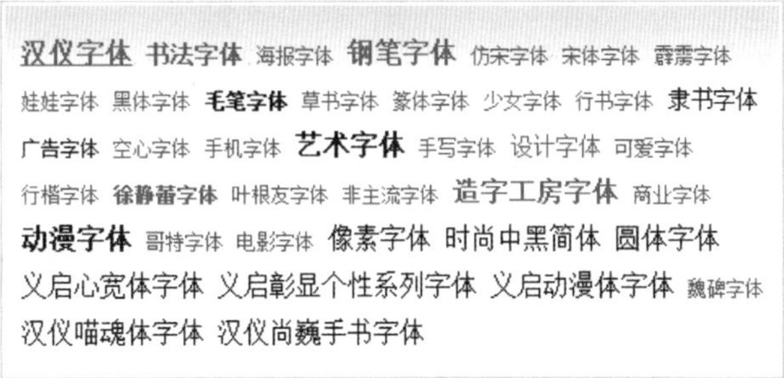

图　7-16

(2)下载字体,然后选择打开文件夹,一般情况下不选择直接解压,而是打开文件夹找到字体压缩文件,如图 7-17 所示。

图　7-17

(3)在字体压缩文件旁边新建一个文件夹,然后将压缩包拖入字体文件夹中,解压,如图 7-18 和图 7-19 所示。

| 名称 | 修改日期 | 类型 | 大小 |
| --- | --- | --- | --- |
| 书法字体 | 2017/1/3 10:06 | 文件夹 | |
| 1-160GQ40230.zip | 2017/1/3 10:04 | WinRAR ZIP 压缩... | 11,705 KB |

图　7-18

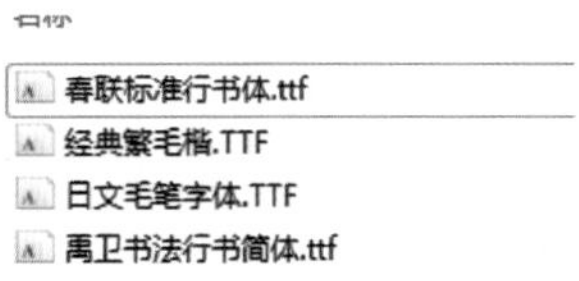

名称

春联标准行书体.ttf
经典繁毛楷.TTF
日文毛笔字体.TTF
禹卫书法行书简体.ttf

图　7-19

（4）然后单击"我的电脑"→C盘→Windows→Fonts，打开Fonts文件夹，把刚才解压的字体复制到Fonts文件夹即可，如图7-20～图7-22所示。

图　7-20

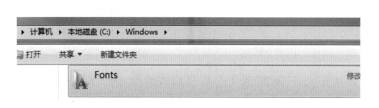

图　7-21

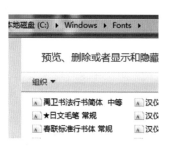

图　7-22

（5）关闭Photoshop后再重新打开，在字体样式中选择已导入的字体，如图7-23所示。

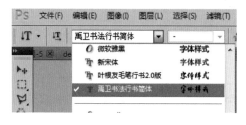

图　7-23

# 7.5　实例——影视文字海报制作

操作步骤如下：

（1）按Ctrl＋N快捷键，建立一个新的文档，设置"宽度"为29.7厘米，"高度"为21厘米，"分辨率"为300像素/英寸，背景内容为白色。如图7-24所示。

（2）选择直排文字工具，或按住Shift键后反复按T。在属性栏中选择"设置字体系列"，选择"方正粗圆繁体"，如图7-25所示。设置字体大小为50点，"颜色"为黑色，如图7-26所示。在图像窗口适宜位置单击，输入文本："蚂蚱吃了庄稼变成了人，人造反就变成了蚂蚱"。使用空格键和回车键调整文字位置，如图7-27所示。

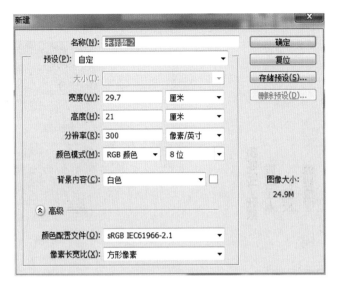

图　7-24

图　7-25　　　　　　　　　　　　　　　　　　　图　7-26

（3）选择直排文字工具，在文档的适当位置输入"冯小刚"，在"字符"面板中设置字体大小为 40 点，"颜色"为纯红色（其 R、G、B 值分别为 255、0、0）。再次选择直排文字工具，输入"电影作品"，在"字符"面板中设置字体大小为 18 点，"行距"为 20 点，设置其字符的字距为 180 点，如图 7-28 所示，效果如图 7-29 所示。

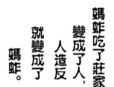

图　7-27

图　7-28

（4）选择直排文字工具，输入"一九四二"，再次选择直排文字工具，输入"根据刘震云小说温故【一九四二】改编"。在"字符"面板中将"一九四二"改为"叶根友毛笔行书 2.0 版"字体。设置字体大小为 130 点。"颜色"为黑色，所选字符字距为 90 点，如图 7-30 所示。将"根据刘震云小说温故【一九四二】改编"改为"方正小标宋繁体"字体。字体大小为 20 点，所选字符字距为 180 点，除"刘震云"三个字为纯红色外其他字体为黑色，如图 7-31 所示，效果如图 7-32 所示。

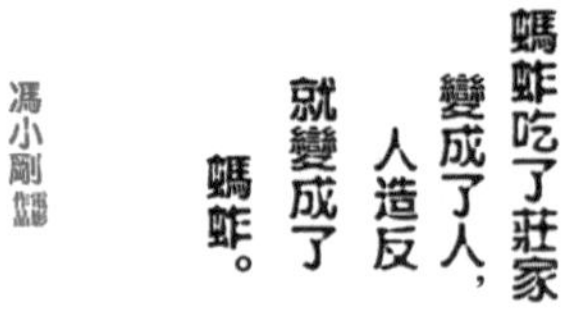

图　7-29

图　7-30

图　7-31

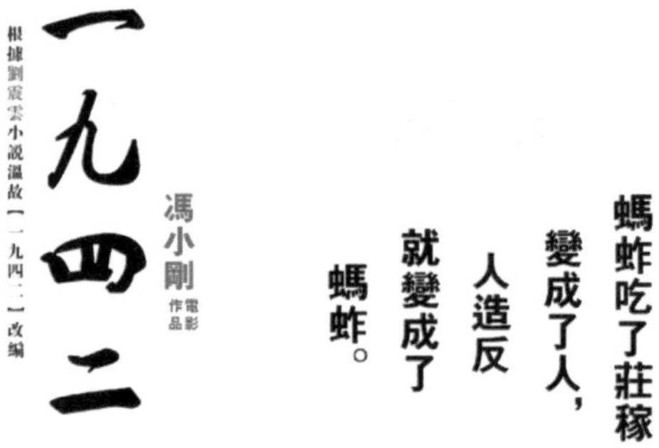

图　7-32

（5）将牛皮纸素材文件拖曳到图像窗口中，释放鼠标，按回车键确定。在"图层"控制面板中选择牛皮纸所在图层，右击后选择"栅格化文字"命令。将其放在背景层的上方，在"图层"控制面板中选择"设置图层的混合模式"，再选择"正片叠底"模式，如图 7-33 所示。

（6）将划痕素材文件拖曳到图像窗口中，释放鼠标，按回车键确定。在"图层"控制面板中选择划痕所在图层，右击后选择"栅格化文字"命令。将其放在牛皮纸图层的上方。在"图层"控制面板中选择"设置图层的混合模式"，再选择"滤色"模式，效果如图 7-34 所示。

图　7-33

图　7-34

（7）选择"图层"面板下方的"新建调整图层"→"渐变映射"命令，选择黑色渐变条，如图 7-35 所示。

（8）将"根据刘震云小说温故【一九四二】改编""电影作品""冯小刚"三个文字图层放在"渐变映射 1"图层的上方，最终效果如图 7-36 所示。

图　7-35

图　7-36

# 7.6　实例——制作幼儿园毕业证书

操作步骤如下：

（1）导入素材提供的证书底纹图片，效果如图 7-37 所示。

图　7-37

（2）输入证书所需的标准文字。其中"毕业证书"和 Graduate Certificate 使用方正姚体，字体大小为 24 点，颜色：R 为 210，G 为 0，B 为 0，为其添加投影效果。Bei Qi kindergarten of Yong Chuan District Chong Qing 字体大小为 12 点。"证书编号：001"字体大小为 14。其他字体和下画线字体为黑体，字体大小为 22 点，颜色：R 为 169，G 为 131，B 为 71，为其添加投影效果。根据实际情况可适当调整"园长"和日期的字体大小，效果如图 7-38 所示。

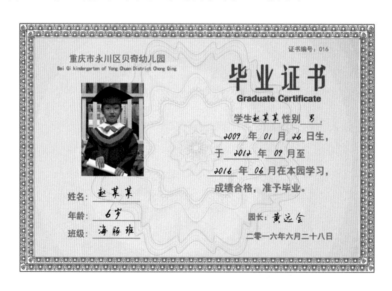

图　7-38

（3）输入手写字体，使用博洋 7000（hakuyoxingshu7000）字体，字体大小为 24 点。将其输入到相应的位置。放入幼儿园学位照片，效果如图 7-39 所示。

图　7-39

（4）制作幼儿园公章。新建图层，将其命名为"公章"，选择椭圆工具 ⬭，将椭圆工具工具栏的属性修改为路径 ⬭，按住 Shift 键在新建的"公章"图层中绘制一个大小适中的圆形路径。按住 Ctrl 键同时按回车键。将路径转换成选区，对选区进行描边，描边宽度为 20 像素。选择圆形路径，使用文本工具在圆形路径上输入"重庆市永川区贝奇幼儿园"，字体大小 T 为 20，垂直缩放 IT 为 122%，所选文字字间距 AV 为 80。新建一个图层，将其命名为五角星，使用自定形状工具，同时在工具栏中选择像素 ⬜，在五角星图层绘制一个五角星，将其放在圆形的中间。最后将刚才创建的三个图层的叠加模式修改为溶解，效果如图 7-40 所示。

图 7-40

# 7.7 课后实训

（1）搜索一张空白扇面的折扇图片，为其添加一首手写诗句。

（2）制作一张中秋节文字海报。

注意事项：在制作以上作品时请保证新建文档的分辨率在 300 像素/英寸以上。

# 第 8 章 Photoshop滤镜

## 8.1 滤镜的概念

滤镜主要是用来实现图像的各种特殊效果。它在 Photoshop 中具有非常神奇的作用。所有的滤镜在 Photoshop 中都按分类放置在菜单中,使用时只需要从该菜单中执行此命令即可。滤镜的操作是非常简单的,但是真正用起来却很难恰到好处。滤镜通常需要同通道、图层等联合使用,才能取得最佳的艺术效果。如果想在最适当的时候应用滤镜到最适当的位置,除了平常的美术功底之外,还需要用户熟悉滤镜并具有较强的操控能力,甚至需要具有很丰富的想象力。这样,才能有的放矢地应用滤镜,发挥出艺术才华。

现在有许多滤镜软件可以在智能手机上使用,这些软件使滤镜变得更简单,只需一键就能实现许多照片最美的效果。

## 8.2 滤镜分类

Photoshop 滤镜基本可以分为三个部分:内阙滤镜、内置滤镜(也就是 Photoshop 自带的滤镜)、外挂滤镜(也就是第三方滤镜)。内阙滤镜指内阙于 Photoshop 程序内部的滤镜,共有 6 组 24 个滤镜。内置滤镜指 Photoshop 进行默认安装时,Photoshop 安装程序自动安装到 plug_ing 目录下的滤镜,共 12 组 72 个滤镜。外挂滤镜就是除上面两种滤镜以外,由第三方厂商为 Photoshop 所开发的滤镜,它们不仅种类齐全,而且品种繁多、功能强大,同时版本与种类也在不断升级与更新。使用这些滤镜只需要从"滤镜"菜单中选取相应的子菜单命令即可。如图 8-1 所示。

## 8.3 常用内置滤镜

### 1. 风格化滤镜

Photoshop 中的风格化滤镜是通过置换像素和查找并

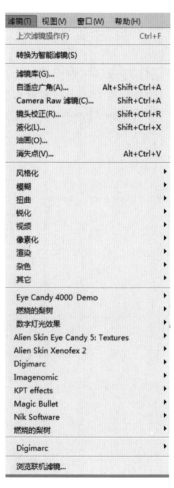

图　8-1

增加图像的对比度,在选区中生成绘画或印象派的效果。它是完全模拟真实艺术手法进行创作的。在使用"查找边缘"和"等高线"等突出显示边缘的滤镜后,可应用"反相"命令用彩色线条勾勒彩色图像的边缘或用白色线条勾勒灰度图像的边缘。图 8-2 是对一张剪纸图片添加浮雕效果后的效果图。

原图　　　　　　　　　　　　　　　　　执行浮雕效果

图　8-2

风格化滤镜列举如下。

1)查找边缘

用于标识图像中有明显过渡的区域并强调边缘。与等高线滤镜一样,"查找边缘"在白色背景上用深色线条勾画图像的边缘,并且对于在图像周围创建边框非常有用。

2)等高线

用于查找主要亮度区域的过渡,对于每个颜色通道用细线勾画,得到与等高线图中的线类似的结果。

3)风

用于在图像中创建细小的水平线以及模拟刮风的效果。

4)浮雕效果

通过将选区的填充色转换为灰色,并用原填充色描画边缘,从而使选区显得凸起或凹陷。

5)扩散

搅乱选区中的像素,使选区显得不十分聚焦。

6)拼贴

将图像分解为一系列拼贴(像瓷砖方块),并使每个方块上都含有部分图像。

7)曝光过度

混合正片和负片图像,与在冲洗过程中将照片简单地曝光加亮相似。

8)凸出

凸出滤镜可以将图像转化为三维立方体或锥体,以此来改变图像或生成特殊的三维背景效果。

9)照亮边缘(滤镜库)

照亮边缘滤镜可以搜寻主要颜色变化区域并强化其过渡像素,产生类似添加霓虹灯的光亮。

图 8-3 是同一个素材使用几种风格化滤镜的效果。

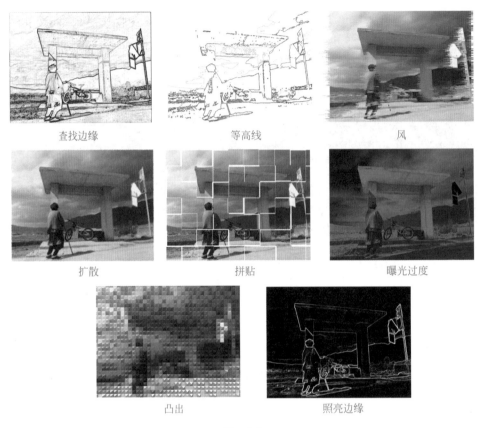

查找边缘       等高线       风

扩散       拼贴       曝光过度

凸出       照亮边缘

图 8-3

### 2. 杂色滤镜

杂色滤镜有 5 种,分别为减少杂色、蒙尘与划痕、去斑、添加杂色、中间值滤镜,主要用于校正图像处理过程(如扫描)的瑕疵。以添加杂色效果为例,如图 8-4 所示。

原图       执行添加杂色后的效果

图 8-4

### 3. 扭曲滤镜

扭曲滤镜是 Photoshop"滤镜"菜单下的一组滤镜,共 12 种。这一系列滤镜都是用几何学的原理将一幅影像变形,以创造出三维效果或其他的整体变化。每一个滤镜都能产生一种或数种特殊效果,但都离不开一个特点:对影像中所选择的区域进行变形、扭曲。

1）波浪滤镜

使图像产生波浪扭曲效果，如图 8-5 所示。

原图 　　　　　　　　　　　　　　对水面执行了波浪滤镜后的效果

图　8-5

2）波纹滤镜

可以使图像产生类似水波纹的效果，效果与波浪滤镜类似，如图 8-6 所示。

原图 　　　　　　　　　　　　　　对水面执行了波纹滤镜后的效果

图　8-6

3）玻璃滤镜

使图像看上去如同隔着玻璃观看一样，此滤镜不能应用于 CMYK 和 Lab 模式的图像。

4）海洋波纹滤镜

使图像产生普通的海洋波纹效果，此滤镜不能应用于 CMYK 和 Lab 模式的图像。

5）极坐标滤镜

可将图像的坐标从平面坐标转换为极坐标或从极坐标转换为平面坐标。此滤镜在后边的实例中会单独讲解。

6）挤压滤镜

使图像的中心产生凸起或凹陷的效果，此滤镜与球面化滤镜相似。

7）扩散亮光滤镜

向图像中添加透明的背景色颗粒，在图像的亮区向外进行扩散添加，产生一种类似发光的效果。此滤镜不能应用于 CMYK 和 Lab 模式的图像。

8）切变滤镜

可以控制指定的点来弯曲图像。

9）球面化滤镜

可以使选区中心的图像产生凸起或凹陷的球体效果，类似挤压滤镜的效果，效果如图 8-7 所示。

对猪的头部执行了扭曲→球面化后的效果

图　8-7

10）水波滤镜

使图像产生同心圆状的波纹效果。

水池波纹：将像素置换到中心的左上方和右下方。

11）旋转扭曲滤镜

使图像产生旋转扭曲的效果，如图 8-8 所示。

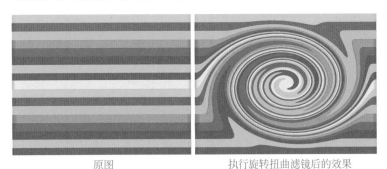

原图　　　　　　　　　　　执行旋转扭曲滤镜后的效果

图　8-8

12）置换滤镜

可以产生弯曲、碎裂的图像效果。置换滤镜比较特殊的是设置完毕后，还需要选择一个图像文件作为位移图，滤镜根据位移图上的颜色值移动图像像素，如图 8-9 所示。

**4. 滤镜库中的艺术效果滤镜**

在 Photoshop 软件的"艺术效果"滤镜中，包含下面介绍的十种子滤镜。以海报边缘效果为例，如图 8-10 所示。

原图　　　　　　　　　　　　　　　对文字执行置换滤镜后的效果

图　　8-9

原图　　　　　　　　　　　　　　　执行海报边缘后的效果

图　　8-10

1）壁画

该滤镜能强烈地改变图像的对比度，使暗调区域的图像轮廓更清晰，最终形成一种类似古壁画的效果。

2）彩色铅笔

该滤镜模拟使用彩色铅笔在纯色背景上绘制图像。主要的边缘被保留并带有粗糙的阴影线外观，纯背景色通过较光滑区域显示出来。

3）粗糙蜡笔

该滤镜模拟用彩色蜡笔在带纹理的图像上的描边效果。

4）底纹效果

该滤镜模拟选择的纹理与图像相互融合在一起的效果。

5）干画笔

该滤镜能模仿使用颜料快用完的毛笔进行作画，笔迹的边缘断断续续、若有若无，产生一种干枯的油画效果。

6）木刻

该滤镜使图像好像由粗糙剪切的彩纸组成，高对比度图像看起来黑色剪影，而彩色图像看起来像由几层彩纸构成。

7）胶片颗粒

该滤镜能够在给原图像加上一些杂色的同时，调亮并强调图像的局部像素。它可以产生一种类似胶片颗粒的纹理效果，使图像看起来如同早期的摄影作品。

8）霓虹灯光

该滤镜能够产生负片图像或与此类似的颜色奇特的图像，看起来有一种氖光照射的效果。

9）绘画涂抹

使用不同类型的效果涂抹图像。

10）调色刀

该滤镜降低图像的细节并淡化图像，使图像呈现出绘制在湿润的画布上的效果。

图 8-11 是同一个素材使用其他几种艺术效果滤镜的效果。

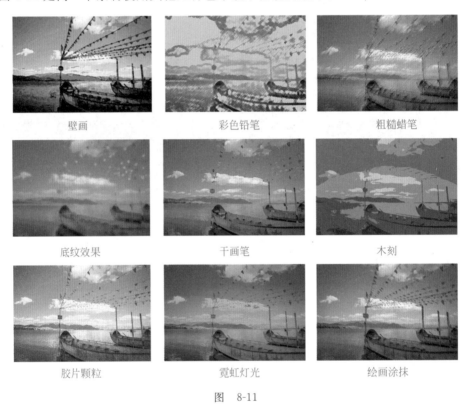

| 壁画 | 彩色铅笔 | 粗糙蜡笔 |

| 底纹效果 | 干画笔 | 木刻 |

| 胶片颗粒 | 霓虹灯光 | 绘画涂抹 |

图　8-11

**5. 滤镜库中的画笔描边滤镜**

画笔描边滤镜主要通过模拟不同的画笔或油墨笔刷来勾画图像，产生绘画效果。以深色线条为例，如图 8-12 所示。

1）强化的边缘

该滤镜类似于我们使用彩色笔来勾画图像边界而形成的效果，使图像有一个比较明显的边界线，也有人叫它"加粗边线"滤镜。

2）成角的线条

该滤镜可以产生斜笔画风格的图像，类似于我们使用画笔按某一角度在画布上用油画

原图                                          执行深色线条后的效果

图    8-12

颜料所涂画出的斜线,线条修长、笔触锋利,效果比较好看,也有人叫它"倾斜线条"滤镜。

3)阴影线

该滤镜可以产生具有十字交叉线网格风格的图像,就如同在粗糙的画布上使用笔刷画出十字交叉线作画时所产生的效果一样,给人一种随意绘制的感觉,有人称它为"十字交叉斜线"滤镜。

4)深色线条

该滤镜通过用短而密的线条来绘制图像中的深色区域,用长而白的线条来绘制图像中颜色较浅的区域,从而产生一种很强的黑色阴影效果。

5)墨水轮廓

该滤镜可以产生使用墨水笔勾画图像轮廓线的效果,使图像具有比较明显的轮廓。该滤镜也译为"彩色速写"滤镜。

6)喷溅

该滤镜可以产生如同在画面上喷洒水后形成的效果,或有一种被雨水打湿的视觉效果,也有人叫它"雨滴"滤镜。

7)喷色描边

该滤镜可以产生一种按一定方向喷洒水花的效果,画面看起来有如被雨水冲涮过一样,也有人叫它"喷雾"滤镜。

8)烟灰墨

该滤镜可以通过计算图像中像素值的分布,对图像进行概括性的描述,进而产生用饱含黑色墨水的画笔在宣纸上进行绘画的效果。它能使带有文字的图像产生更特别的效果,所以也有人称它为"书法"滤镜。

图 8-13 是同一个素材使用其他几种画笔描边滤镜的效果。

**6. 抽出滤镜**

抽出滤镜是 Photoshop 里的一个滤镜,其作用是用来抠图。抽出滤镜的功能强大,使用灵活,是 Photoshop 的专用抠图工具,它简单易用,容易掌握,如果使用得好,抠出的效果则非常好,抽出滤镜既可以抠烦杂背景中的散乱发丝,也可以抠透明物体和婚纱。

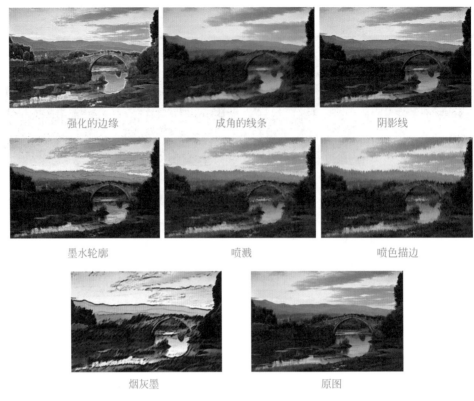

强化的边缘　　　　　　　　成角的线条　　　　　　　　阴影线

墨水轮廓　　　　　　　　　喷溅　　　　　　　　　　　喷色描边

烟灰墨　　　　　　　　　　　　原图

图　8-13

### 7. 渲染滤镜

渲染滤镜可以在图像中创建云彩图案、折射图案和模拟的光反射。也可在 3D 空间中操纵对象，并从灰度文件创建纹理填充以产生类似 3D 的光照效果。

1）光照效果

光照效果是一个强大的灯光效果制作滤镜，光照效果包括 17 种光照样式、3 种光照类型和 4 套光照属性，可以在 RGB 图像上产生无数种光照效果，还可以使用灰度文件的纹理（称为凹凸图）产生类似 3D 效果。效果如图 8-14 所示。

原图　　　　　　　　　　　　　　　　添加光照后的效果

图　8-14

2）镜头光晕

镜头光晕滤镜模拟亮光照射到相机镜头所产生的光晕效果。此滤镜不能应用于灰度、CMYK 和 Lab 模式图像。效果如图 8-15 所示。

原图　　　　　　　　　　　　　　执行镜头光晕滤镜后的效果

图　8-15

### 8. 液化滤镜

"液化"滤镜可用于推、拉、旋转、反射、折叠和膨胀图像的任意区域。创建的扭曲效果可以是细微的或剧烈的,这就使"液化"命令成为修饰图像和创建艺术效果的强大工具。可将"液化"滤镜应用于 8 位/通道或 16 位/通道图像。

### 9. 模糊滤镜

Photoshop CC 中模糊滤镜效果共包括 14 种滤镜,模糊滤镜可以使图像中过于清晰或对比度过于强烈的区域产生模糊效果。它通过平衡图像中已定义的线条和遮蔽区域的清晰边缘旁边的像素,使变化显得柔和。下面介绍常用的模糊滤镜。

1）动感模糊

动感模糊滤镜可以产生动态模糊的效果,此滤镜的效果类似于以固定的曝光时间给一个移动的对象拍照。效果如图 8-16 所示。

原图　　　　　　　　　　　　　　执行动感模糊后的效果

图　8-16

2）高斯模糊

"高斯模糊"滤镜可添加低频细节,并产生一种朦胧效果。在进行字体的特殊效果制作时,在通道内经常应用此滤镜的效果。效果如图8-17所示。

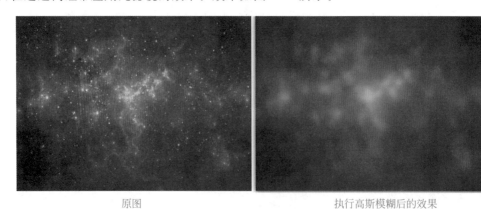

原图                                          执行高斯模糊后的效果

图　8-17

3）进一步模糊

进一步模糊滤镜生成的效果比模糊滤镜强三到四倍。

4）径向模糊

模拟前后移动相机或旋转相机所产生的模糊效果,如图8-18所示。

原图                                          执行径向模糊后的效果

图　8-18

5）特殊模糊

特殊模糊滤镜可以产生一种清晰边界的模糊。该滤镜能够找到图像边缘并只模糊图像边界线以内的区域。

6）模糊

产生轻微的模糊效果。

7）平均

找出图像或选区的平均颜色,然后用该颜色填充图像或选区以创建平滑的外观。例如,如果选择一张草坪图片的某个区域,该滤镜会将该区域更改为一块均匀的绿色部分。

8）方框模糊

基于相邻像素的平均颜色值来模糊图像。此滤镜用于创建特殊效果。可以调整用于计算给定像素的平均值的区域大小；半径越大，产生的模糊效果越好。

9）镜头模糊

向图像中添加模糊以产生更窄的景深效果，以便使图像中的一些对象在焦点内，而使另一些区域变模糊。

10）形状模糊

使用指定的内核来创建模糊。从自定形状预设列表中选取一种内核，并使用"半径"滑块来调整其大小。通过单击下三角按钮并从列表中选取不同选项，可以载入不同的形状库。半径决定了内核的大小；内核越大，模糊效果越好。

11）表面模糊

在保留边缘的同时模糊图像。此滤镜用于创建特殊效果并消除杂色或粒度。"半径"选项指定模糊取样区域的大小。"阈值"选项控制相邻像素色调值与中心像素值相差很大时才能成为模糊的一部分。色调值小于阈值的像素被排除在模糊之外。

图 8-19 是同一个素材使用其他几种模糊滤镜的效果。

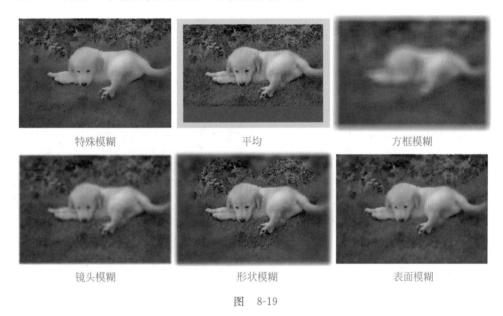

图　8-19

**10. Camera Raw 滤镜**

在 Photoshop CC 之前的版本中，Camera Raw 滤镜是作为单独的插件运行，而在 Photoshop CC 中，Camera Raw 插件就变成滤镜，该滤镜是专为摄影爱好者开发的，它能在不损坏原片的前提下快速处理摄影师拍摄的图片，具有批量、高效、专业等特征。

除了以上滤镜外，还有锐化、渲染和像素化等其他滤镜。在后面的例子中会有所提及。在此就不再一一举例了。

# 8.4　外挂滤镜安装

关于外挂滤镜，经常用到的是灯光工厂、Magic Bullet PhotoLooks 滤镜、KPT、PhotoTools、Eye Cand、Xenofex、Ulead effect 等，Photoshop 第三方滤镜就有大大小小有

800 种以上,正是这些种类繁多,功能齐全的滤镜使 Photoshop 爱好者更痴迷。

Photoshop 外挂滤镜基本都安装在其 Plug-Ins 目录下,安装时有几种不同的情况:

(1) 有些外挂滤镜本身带有搜索 Photoshop 目录的功能,会把滤镜部分安装在 Photoshop 目录下,把启动部分安装在 Program Files 下。使用时如果没有注册过,每次启动计算机后都会跳出一个提示你注册的对话框。

(2) 有些外挂滤镜不具备自动搜索功能,所以必须手工选择安装路径,而且必须是 Photoshop 的 Plug-Ins 目录下,这样才能成功安装,否则会跳出一个提示安装错误的对话框。

(3) 还有些滤镜不需要安装,只要直接将其复制到 Plug-Ins 目录下就可以使用了。

所有的外挂滤镜安装完成后,不需要重启计算机,只要重新启动 Photoshop 就能使用了。打开 Photoshop 以后,你会发觉它们整齐地排列在滤镜菜单中。但也有例外,按上述情况(1)安装的滤镜会在 Photoshop 的菜单中自动生成一个菜单,而它的名字通常是这些滤镜的出品公司名称。

# 8.5　实例——常用滤镜应用

## 8.5.1　国画效果

操作步骤如下:

(1) 按 Ctrl+O 快捷键,打开配套资源中的文件,效果如图 8-20 所示。

(2) 按 Ctrl+J 快捷键,复制背景图层,并将其命名为"图层 1"。重复以上操作两次,并将生成的图层分别命名为"图层 2""图层 3",单击"图层 2""图层 3"左边的"指示图层可见性"按钮,隐藏"图层 2""图层 3"。

(3) 选择"图层 1",按 Ctrl+Shift+U 快捷键去色,按 Ctrl+L 快捷键调整色阶,设置阴影输入色阶为 0,中间输入色阶为 1.07,高光输入色阶为 181,如图 8-21 所示。执行"滤

图　8-20

镜"→"模糊"→"高斯模糊"命令,在弹出的"高斯模糊"对话框中设置"半径"为 6.8 像素,效果如图 8-22 所示。

(4) 单击"图层 1""图层 2"左边的"指示图层可见性"按钮,隐藏"图层 1"显示"图层 2",执行"滤镜"→"风格化"→"查找边缘"命令,效果如图 8-23 所示。按 Ctrl+Shift+U 快捷键去色,按 Ctrl+L 快捷键调整色阶,设置阴影输入色阶为 0,中间输入色阶为 1.26,高光输入色阶为 182,如图 8-24 所示。在"图层"控制面板的"设图层混合模式"中选择"柔光"模式,效果如图 8-25 所示。

(5) 单击"图层 1""图层 3"左边的"指示图层可见性"按钮,显示"图层 1""图层 3"。选择"图层 3",在"图层"控制面板的"设图层混合模式"中选择"柔光"模式,并将不透明度设置为 71%,效果如图 8-26 所示。

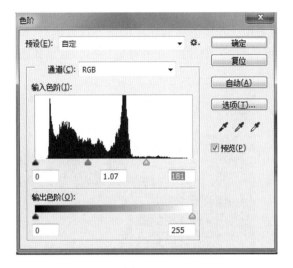

图 8-21

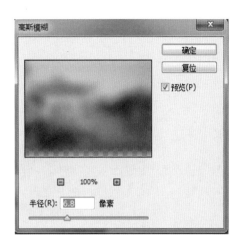

图 8-22

图 8-23

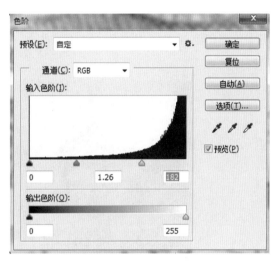

图 8-24

图 8-25

图 8-26

（6）将准备好的画纸图片拖曳至图像窗口，并调整图片大小直至覆盖背景图片。按 Enter 键确定，如图 8-27 所示。在"图层"控制面板中选择背景图片所在图层，右击，执行"删格化图层"命令。在"图层"控制面板的"设图层混合模式"中选择"正片叠底"模式，效果如图 8-28 所示。

图　8-27

图　8-28

（7）将准备好的印章和书法图案拖曳至图像窗口，并调整为适宜大小，在"图层"控制面板中选择印章和书法图案所在图层，右击，选择"删格化图层"命令。最终效果如图 8-29 所示。

图　8-29

### 8.5.2　水彩效果

操作步骤如下：

（1）按 Ctrl＋O 快捷键，打开配套资源中的文件，效果如图 8-30 所示。

（2）按 Ctrl＋J 快捷键，复制背景图层，按 Ctrl＋L 快捷键调整色阶，设置阴影输入色阶为 0，中间输入色阶为 1.06，高光输入色阶为 196，如图 8-31 所示，效果如图 8-32 所示。

图　8-30

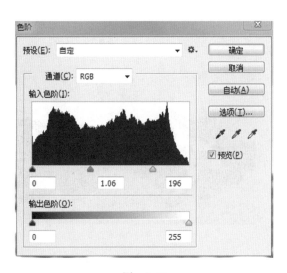

图　8-31

图　8-32

（3）执行"滤镜"→"模糊"→"特殊模糊"命令,在弹出的"特殊模糊"对话框中设置"半径"为100,"阈值"为100,如图8-33所示,效果如图8-34命令。

（4）执行"滤镜"→"滤镜库"→"艺术效果"→"水彩"命令,设置"画笔细节"为9,"阴影强度"为1,"纹理"为1,如图8-35所示,效果如图8-36所示。

（5）执行"编辑"→"渐隐滤镜库"命令,在弹出的对话框中设置"不透明度"为46%,如图8-37所示。在"图层"控制面板的"设图层混合模式"中选择"溶解"模式,效果如图8-38所示。

（6）执行"滤镜"→"滤镜库"→"纹理"→"纹理化"命令,设置"缩放"为79%,"凸现"为4,如图8-39所示,最终效果如图8-40所示。

119

图 8-33

图 8-34

图 8-35

图 8-36

图 8-37

图 8-38

图 8-39

图 8-40

### 8.5.3 星球制作

操作步骤如下：

（1）按 Ctrl＋N 快捷键，新建图像，设置"宽度"为 1000 像素，"高度"为 1000 像素，"分辨率"为 100 像素/英寸，颜色模式为 RGB 颜色，背景内容为黑色，如图 8-41 所示。

（2）执行"滤镜"→"杂色"→"添加杂色"命令，在弹出的"添加杂色"对话框中设置"数量"为 11.86％，"分布"为"高斯分布"，选中"单色"复选框，如图 8-42 所示，效果如图 8-43 所示。

图 8-41

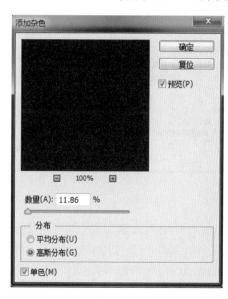

图 8-42

（3）单击"图层"控制面板下方的"创建新图层"按钮，创建一个新图层并将其命名为"图层 1"。按 D 键，恢复前景色和背景色的设置。将"图层 1"填充为黑色。执行"滤镜"→"渲染"→"云彩"命令，按 Ctrl＋F 快捷键将此滤镜重复执行 2 次以上，效果如图 8-44 所示。按 Ctrl＋L 快捷键，在弹出的"色阶"对话框中设置阴影输入色阶为 149，中间输入色阶为 0.29，高光输入色阶为 245，如图 8-45 所示。

图 8-43 图 8-44

（4）在"图层"控制面板中选择"设图层混合模式"，再选择"叠加"模式，选择"背景图层"和"图层1"，按Ctrl＋E快捷键，右击，在弹出的选项中选择"合并图层"命令，将所选图层合并成一个图层并将其命名为"星空"，效果如图8-46所示。按Ctrl＋O快捷键，打开地图素材文件，将图片调整为适合大小，栅格化图层，将该图层命名为"地图"，效果如图8-47所示。

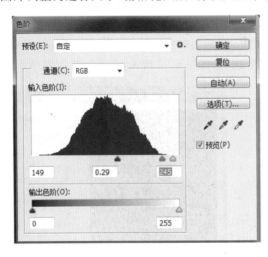

图 8-45 图 8-46

（5）选择矩形选框工具，单击椭圆选框工具。在图片的正中间单击并按住鼠标左键不放向右下方拖曳执行绘制，松开鼠标，图形绘制完成。

（6）执行"滤镜"→"扭曲"→"球面化"命令，设置"数量"为100％，如图8-48所示。先按Ctrl＋Shift＋I快捷键，再按Delete键删除多余部分，效果如图8-49所示。

（7）执行"滤镜"→"锐化"→"USM锐化"命令，将"数量"设置为110，"半径"设置为73。选择"图层样式"命令，调出"图层样式"面板。选择斜面与浮雕，"大小"改为128像素，可以改变其阴影角度，单击"确定"按钮。

图 8-47

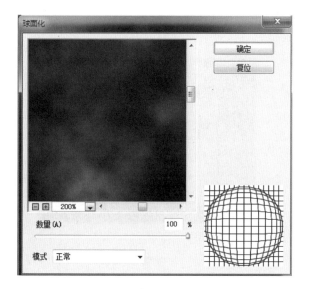

图　8-48　　　　　　　　　　　　　　　　　　　　图　8-49

（8）按住 Ctrl 键，单击"地图"图层图标，会沿其外轮廓创建一个选区。新建一个图层，将其命名为"辉光"。执行"编辑"菜单下的"描边"命令，设置描边的颜色 R、G、B 值分别为48、197、240，"描边宽度"为 20 像素，单击"确定"按钮。按 Ctrl＋D 快捷键取消选区。执行"滤镜"→"模糊"→"高斯模糊"命令，"高斯模糊"的值设置为 44。效果如图 8-50 所示。

（9）按 Ctrl＋J 快捷键复制一个新的星球。按 Ctrl＋T 快捷键将星球缩小后移动至图像右上角处。按 Ctrl ＋ U 快捷键调整缩小后星球的色相/饱和度，选中"着色"复选框，调整星球颜色。最终效果如图 8-51 所示。

图　8-50　　　　　　　　　　　　　　　　　　　　图　8-51

## 8.5.4　景深实例

操作步骤如下：

（1）按 Ctrl＋O 快捷键，打开配套资源中的文件，效果如图 8-52 所示。

（2）按 Ctrl＋J 快捷键，复制背景图层，并将其命名为"图层 1"。执行"滤镜"→"模糊"→"高斯模糊"命令，设置"半径"为 8.7，单击"确定"按钮，效果如图 8-53 所示。

图　8-52

图　8-53

（3）单击渐变工具，选择"径向渐变"，单击右下第三个图标，添加在"图层 1"上面添加一层"蒙版"。

（4）前景色设置为"黑色"，在图像中间单击，按住鼠标左键并往右下方拖动，效果如图 8-54 和图 8-55 所示。

图　8-54

图　8-55

（5）单击"图层 1"，按 Ctrl＋J 快捷键复制一个图层，命名为"图层 2"，效果如图 8-56 所示，将"图像模式"改为"柔光"，最终效果如图 8-57 所示。

图　8-56

图　8-57

### 8.5.5 室内雾效

操作步骤如下：

（1）按 Ctrl+O 快捷键，打开配套资源中的文件，效果如图 8-58 所示。

（2）选择"通道"控制面板，选择"蓝"通道，并将其拖曳到右下角第三个图标"创建新通道"处复制该通道为"蓝 拷贝"，如图 8-59 所示。

图　8-58　　　　　　　　　　　　　　　　　　　图　8-59

（3）单击"蓝 拷贝"通道，按 Ctrl+L 快捷键，在弹出的"色阶"对话框中设置阴影输入色阶为 133，中间输入色阶为 0.4，高光输入色阶为 255，如图 8-60 所示，效果如图 8-61 所示。

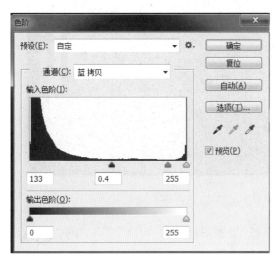

图　8-60　　　　　　　　　　　　　　　图　8-61

（4）单击画笔工具，或反复按 B 键。设置画笔颜色为黑色，在图像窗口中单击，并按住鼠标左键拖曳，擦除窗户外多余亮色，如图 8-62 所示。选择"蓝 拷贝"，单击"编辑"选择"复制"命令。单击"图层"控制面板下面的"创建新路径"按钮，创建一个新路径并将其命名为"图层 1"。按 Ctrl＋C 快捷键，将修改过的"蓝 拷贝"粘贴到"图层 1"。

（5）选择"背景"，按住 Ctrl＋J 快捷键，复制一个"背景 副本"，选择"背景 副本"。在"图层"控制面板中选择"设置图层的混合模式"，再选择"滤色"模式，如图 8-63 所示。

图　8-62　　　　　　　　　　　　　　　　图　8-63

（6）执行"滤镜"→"模糊"→"径向模糊"命令，选中"缩放"单选按钮，设置"数量"为 79，将缩放中心拉到与图中窗户对应的位置，如图 8-64 所示。单击"确定"按钮，效果如图 8-65 所示。

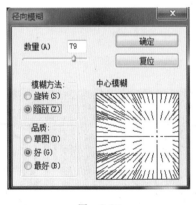

图　8-64　　　　　　　　　　　　　　　　图　8-65

（7）选择"图层 1"，在"图层"控制面板中选择"设置图层的混合模式"，再选择"滤变亮"模式，效果如图 8-66 所示。

（8）选择画笔工具，设置"颜色"为黑色，在图像窗口单击，并按住鼠标左键拖曳，擦一下背光处的亮光，最终效果如图 8-67 所示。

图　　8-66

图　　8-67

# 8.6　几款外挂滤镜介绍

## 8.6.1　灯光工厂滤镜

　　灯光工厂滤镜是一个强大的 Photoshop 灯光滤镜,效果类似于 Photoshop 自带的镜头滤镜。灯光工厂滤镜预置了 150 多个灯光效果,双击相应的灯光效果可以进行预览。

**1. 灯光工厂滤镜功能简介**

软件采用最简单、最自然的方式，使得到的图片看上去完全自然（毫无 PS 痕迹），让你的照片更加完美。

**2. 灯光工厂滤镜的使用方法**

下载解压后将所有文件复制到 Photoshop 安装目录下的 Plug-Ins 文件夹，重启 Photoshop 就可以在滤镜菜单中找到，如图 8-68 所示。

图　8-68

## 8.6.2　Magic Bullet PhotoLooks 滤镜

Magic Bullet PhotoLooks 是一款十分优秀的调色滤镜，支持 Photoshop、Lightroom。另外还有一款调色滤镜：Nik Software Color Efex Pro。Nik Software Color Efex Pro 预设了 70 多种调色效果；而 Magic Bullet PhotoLooks 预设了 200 多种调色效果，包含 100 多种电影风格、MTV 风格，以及其他各式相机色彩风格样式，由此可见其功能强大。如图 8-69 所示。

比较可惜的是，网络上还未有 Magic Bullet PhotoLooks 中文汉化版下载。Magic Bullet PhotoLooks 是专业的 Photoshop 后期调色工具，可以方便简单地制作出各种传统胶片相机的特性。同时 Bullet PhotoLooks 新版本解决了中文版 Photoshop 容易崩溃的问题。

Magic Bullet PhotoLooks 分为 32 位版和 64 位版，可对应系统版本来安装。正常情况下 Magic Bullet PhotoLooks v1.5 不能安装在 Photoshop CS3 以上版本。需要把 Magic Bullet PhotoLooks 安装在其他版本的 Photoshop 上，安装完成后再在 Photoshop 软件下找到刚才安装的 Magic Bullet PhotoLooks 文件夹（正常情况下该文件夹是在 Plug-ins 文件夹中，也有的版本是"增效工具"），把该文件夹复制到低版本 Photoshop 的 Plug-ins 目录（也有的 Photoshop 版本是"增效工具"），这样低版本 Photoshop 就可以使用 Magic Bullet PhotoLooks 调色插件了。经测试，Magic Bullet PhotoLooks 在 Photoshop CS 及 Photoshop CS5 绿色版中均可正常使用。

图　8-69

经过 Magic Bullet PhotoLooks 调色滤镜处理过的图片，如图 8-70 所示。

图　8-70

安装好 Magic Bullet PhotoLooks 后再次打开 Photoshop,就可以在滤镜菜单下看到 Magic Bullet 滤镜,进入 Magic Bullet 滤镜界面后打开左侧面板,单击相应的三角形按钮即可直接生成效果,非常直观。

### 8.6.3 Eye Candy 滤镜

Eye Candy 是 Photoshop 滤镜中最广为人所使用的其中一组,包括 30 多种 Photoshop 滤镜集。由于 Eye Candy 滤镜内容丰富,而拥有的特效也是影像工作者常用的,所以在外挂滤镜中的评价相当高。如图 8-71 所示,Eye Candy(Eye Candy 5)效果集包括 Textures、Nature、Impact、Xenofex 2 和 Snap Art。

图　8-71

Eye Candy 主要应用对象包含各种设计任务、字体、标志、网页设计等,通过对自然现象的模拟提供各种现实的精致效果。图 8-72 为大理石的相关属性面板。Eye Candy 的界面简单直观,可轻松提高用户使用 Photoshop 的效率,直接应用在当前的图像层,可以快速浏览超过 1500 个精心设计的预设效果文件。Eye Candy 可方便地应用于严格的生产环境与 CMYK 模式等,支持多核心 CPU 加速,支持 64 位 Photoshop,以及更高版本的 Photoshop 自定义面板。通过 Photoshop 智能滤镜或引进一个新的图层效果并不会造成破坏性。

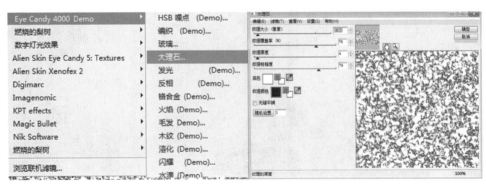

图　8-72

## 8.7　课后实训

（1）你觉得哪些内置滤镜最常用？

（2）还有哪些你感兴趣的外挂滤镜？

# 第9章　Photoshop专业应用拓展

## 9.1　实例——Photoshop 批处理应用实例

下面通过实例介绍利用动作和批处理制作卡通效果，操作步骤如下：

（1）按 Ctrl＋O 快捷键，打开图片，效果如图 9-1 所示。

（2）按 Alt＋F9 快捷键，弹出"动作"面板，如图 9-2 所示。在"动作"面板中单击"创建新动作"按钮，或从"动作"面板的菜单中选择"新动作"命令，弹出"新建动作"对话框，将其命名为"卡通效果"，单击"记录"按钮，"动作"面板中的"记录"按钮会变为红色，表明已经开始记录该动作了，如图 9-3 所示。

图　9-1

图　9-2

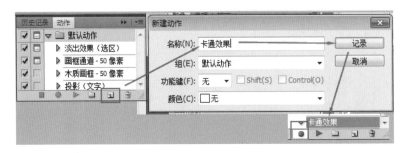

图　9-3

（3）执行"滤镜"→"油画"命令，如图9-4所示。在油画属性面板中设置"描边样式"为0.1，"描边清洁度"为5，"缩放"为10，其他值为0，单击"确定"按钮，如图9-5所示。

图 9-4 　　　　　　　　　　　　　　　　　　图 9-5

（4）按Ctrl+F快捷键，重复两次刚才的油画滤镜操作。

（5）执行"滤镜"→Camera Raw命令，设置"曝光"为1，"高光"为0，"阴影"为100，"白色"为0，"黑色"为100，"清晰度"为100，"自然饱和度"为100，"饱和度"为0，如图9-6所示。

（6）完成卡通效果后，新建一个文件夹，将其命名为Cartoon，将文件另存到Cartoon文件夹中。

（7）在"动作"面板单击"停止/播放"按钮■，将动作关闭。

（8）执行"文件"→"自动"→"批处理"命令，如图9-7所示。

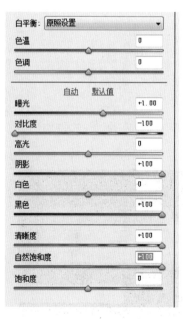

图 9-6 　　　　　　　　　　　　　　　　　　图 9-7

（9）在"批处理"面板中选择名称为卡通效果动作，单击"选择"按钮，选择要处理的图片所在的文件夹，如图9-8所示。

（10）执行完毕后，查看Cartoon文件夹，如图9-9所示。

图　9-8

处理前　　　　　　　　　　　　处理后

图　9-9

## 9.2　实例——闪耀光芒字动画

操作步骤如下：

（1）按 Ctrl＋N 快捷键，新建图像，设置"宽度"为 720 像素，"高度"为 404 像素，"背景填充"为黑色。

（2）选择文字工具输入"动画"，效果如图 9-10 所示。

（3）运用魔棒工具建立"动画"选区，执行"选择"→"修改"→"边界"命令，效果如图 9-11所示。

图　9-10

图　9-11

（4）在"动画"文字下方新建图层，并将其命名为"图层 1"，效果如图 9-12 所示。选区填充白色，选择原文字层，颜色改为黑色，右击文字层，通过快捷菜单中的相应命令栅格化文字,图层混合模式改为"正片叠底",效果如图 9-13 所示。

图　9-12　　　　　　　　　　　　　　图　9-13

（5）单击"图层 1"，执行"图像"→"调整"→"自动色阶"命令。

（6）执行"滤镜"→"扭曲"→"极坐标"命令，选中"极坐标到平面坐标"单选按钮，如图 9-14 所示。

（7）执行"图像"→"旋转画布"→"顺时针旋转 90 度"命令。

（8）执行"滤镜"→"风格化"→"风"命令，数值默认，单击"确定"按钮。按 Ctrl＋F 快捷键多加强几次，效果达到自己满意为止，如图 9-15 所示。

 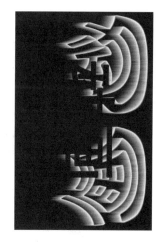

图　9-14　　　　　　　　　　　　　　图　9-15

（9）执行"图像"→"旋转画布"→"逆时针旋转 90 度"命令。

（10）再次执行"滤镜"→"扭曲"→"极坐标"命令，选中"平面坐标到极坐标"单选按钮，效果如图 9-16 所示。

（11）按 Ctrl＋U 快捷键调整色相/饱和度，勾选"着色"选项，调整字体颜色，效果如图 9-17 所示。

图　9-16

135

图　9-17

（12）单击"动画"文字图层，图层混合模式改为"滤色"，效果如图 9-18 所示。

（13）按 Ctrl＋Shift＋Alt＋E 快捷键盖印可见图层，命名改为 1。

（14）按 Ctrl＋J 快捷键复制 1 图层，命名改为 2。按 Ctrl＋U 快捷键调整色相/饱和度，勾选"着色"选项，调整字体颜色，效果如图 9-19 所示。

图　9-18

图　9-19

（15）按 Ctrl＋J 快捷键复制 2 图层，命名改为 3。按 Ctrl＋U 快捷键调整色相/饱和度，勾选"着色"选项，调整字体颜色，效果如图 9-20 所示。

图　9-20

（16）图 9-21～图 9-24 制作方法同上。

图　9-21

图　9-22

图　9-23

图　9-24

（17）执行"窗口"→"时间轴"命令，然后在"图层"面板中关闭除图层名为 1 以外的其他图层的可见性，效果如图 9-25 所示。

（18）在"时间轴"窗口选择复制所选帧，然后在"图层"面板中关闭除图层名为 2 以外的其他图层和可见性，效果如图 9-26 所示。

图　9-25

图　9-26

(19) 重复步骤(18)制作图层3～图层7,效果如图9-27所示。

图 9-27

(20) 在"时间轴"窗口中更改秒数为0.5秒,效果如图9-28所示。

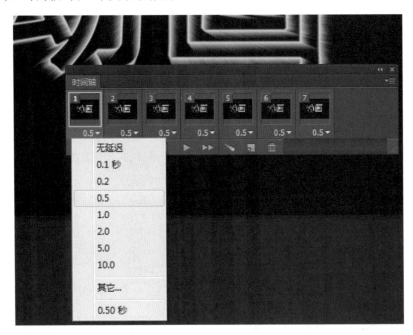

图 9-28

(21) 按Ctrl+Shift+Alt+S快捷键存储为Web所用格式,效果如图9-29所示。

(22) 用图形软件打开观看效果。

图　9-29

# 9.3　实例——重庆小面海报实例

操作步骤如下：

（1）按 Ctrl＋N 快捷键，新建图像，设置"宽度"为 877 像素，"高度"为 512 像素，"分辨率"为 300 像素/英寸，如图 9-30 所示。

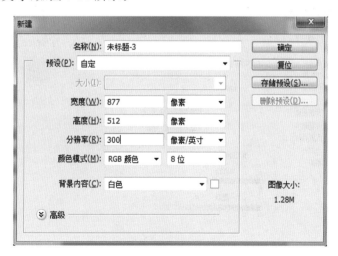

图　9-30

（2）将准备好的背景图片拖曳至图像窗口，按 Enter 键确定，如图 9-31 所示。在"图层"控制面板中选择背景图片所在图层，右击，选择"删格化图层"命令，按 Ctrl＋A 快捷键选择图片，按 Ctrl＋C 快捷键复制背景图片，按 Ctrl＋V 快捷键粘贴复制的背景图片，按住 Shift 键将复制的图片向右移动填充满画面，如图 9-32 所示。

图　9-31　　　　　　　　　　　　　　　　　图　9-32

（3）将祥云图片拖曳至图像窗口中，按 Enter 键确定，并将该图层命名为"云朵"。选择"云朵"图层，右击，选择"栅格化图层"命令，如图 9-33 所示。选择魔术橡皮擦工具，或反复按 E 键，单击"云朵"图片背景区域，保留图案，如图 9-34 所示，右击"云朵图层"，选择"混合选项"命令，在弹出的对话框中选中"投影"复选框，设置"不透明度"为 84％，"角度"为 155 度，"距离"为 0 像素，"扩展"为 5％，"大小"为 4 像素，如图 9-35 所示。

图　9-33　　　　　　　　　　　　　　　　　图　9-34

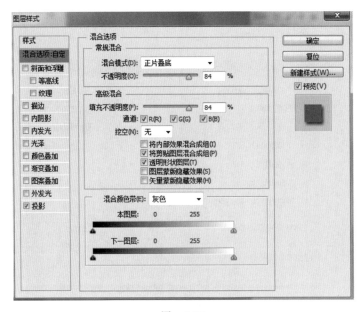

图　9-35

（4）按 Ctrl＋J 快捷键复制"云朵"图层，再次重复操作进行复制。并按 Ctrl＋T 快捷键调整图案大小，如图 9-36 所示。

（5）将准备好的猫婆小面图标图片拖曳至图像窗口，按 Enter 键确定。在"图层"控制面板中选择背景图片所在图层，右击，执行"删格化图层"命令，并将图层命名为"猫婆小面"。选择魔术橡皮擦工具，或反复按 E 键，单击"猫婆小面"图片背景区域，保留图案，如图 9-37 所示。

图　9-36

图　9-37

（6）将准备好的小面图标图片拖曳至图像窗口，按 Enter 键确定。在"图层"控制面板中选择背景图片所在图层，右击，执行"删格化图层"命令，并将图层命名为"小面"。按 Ctrl＋T 快捷键调整图案大小，如图 9-38 所示。

（7）选择"以快速模式编辑"或按 Q 键。选择画笔工具，或反复按 B 键，在"画笔预设选取器"中选择"喷溅"画笔，设置"大小"为 76 像素，在图像窗口中涂抹相应位置，如图 9-42 所示。选择"以标准模式编辑"或按 Q 键，按 Ctrl＋Shift＋I 快捷键反选选区，在"图层"控制面板下方单击"添加图层蒙版"按钮，效果如图 9-39 和图 9-40 所示。

图　9-38

图　9-39

（8）将准备好的吊脚楼图片拖曳至图像窗口，按 Enter 键确定，在"图层"控制面板中选择背景图片所在图层，右击，执行"删格化图层"命令，并将图层命名为"吊脚楼"。按 Ctrl＋T 快捷键调整图案大小。如图 9-41 所示。

（9）选择"图层"控制面板中的"设图层混合模式"，选择"正片叠底"模式，设置"不透明度"为 47%，选择橡皮擦工具，或按住 Shift 键后反复按 E 键，在"画笔预设选取器"中选择"柔边圆"。在图像窗口中涂抹图片边缘部分，效果如图 9-42 所示。

图　9-40　　　　　　　　　　　　　　　　图　9-41

（10）将准备好的任务图片拖曳至图像窗口，按 Enter 键确定，在"图层"控制面板中选择背景图片所在图层，右击，执行"删格化图层"命令，并将图层命名为"人物"，并按 Ctrl＋T 快捷键调整图案大小，如图 9-43 所示。选择魔术橡皮擦工具，或反复按 E 键，单击"人物"图片背景区域，保留图案。将"不透明度"调整为 72％，如图 9-44 所示。

图　9-42　　　　　　　　　　　　　　　　图　9-43

（11）选择横排文字工具，在图像窗口中输入文字"重庆小面"，将"字体"设置为"叶根友毛笔行书 2.0 版"，"大小"为 20 点，"颜色"为黑色，如图 9-45 所示，效果如图 9-46 所示。

图　9-44　　　　　　　　　　　　　　　　图　9-45

（12）选择横排文字工具，在图像窗口中输入小面的介绍性文字，设置"大小"为 2 点，"颜色"为黑色，最终效果如图 9-47 所示。

图 9-46

图 9-47

# 9.4  实例——《命运》创意合成解析

（1）创意思路：看到命运一词有人会想到上帝，有人会想到自己，所以该创意以自己是自己的上帝，命运由自己主宰为灵感而创作。效果如图 9-48 所示。

（2）首先按照创意收集和准备如图 9-49 所示的图片。

图 9-48

图 9-49

（3）想到人生如戏，戏如人生，所以以舞台为背景做象征，导入舞台图片，对舞台图片执行栅格化操作，调整图片的色相和饱和度，用滤镜中的液化效果调整舞台边缘，使其不要太僵硬，如图 9-50 所示。

（4）舞台调整完成后，导入星空背景，如图 9-51 所示。

143

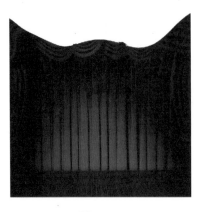

图 9-50                                         图 9-51

（5）导入人物的图片，用钢笔工具抠出人物，然后拖放在星空的位置，如图 9-52 所示。

（6）在人物图层上方新建一个图层，填充为蓝色，并改变透明度或进行图层叠加使图片色调统一，如图 9-53 所示。

图 9-52                                         图 9-53

（7）导入另一个充当木偶的人物图片，对人物进行抠像，并摆在舞台合适的位置，舞台有灯光，所以添加投影效果，如图 9-54 所示。

（8）导入人偶图片，用蒙版抠出，并摆在舞台合适的位置，为人偶添加投影，为了使画面统一，调整木偶的亮度，使其融入环境中，如图 9-55 所示。

图　9-54

图　9-55

（9）用铅笔工具在星空人物手指处与舞台人物关节处画上直线，做出提线木偶的效果。完成效果如图 9-56 所示。

图　9-56

## 9.5　课后实训

（1）利用动作和批处理命令处理一组风景照片。

（2）利用 Photoshop 的动画功能制作卡通表情动图。

（3）制作一张以自己为主角的创意合成作品。

**图层应用相关快捷键**

复制图层：Ctrl＋J

盖印图层：Ctrl＋Alt＋Shift＋E

向下合并图层：Ctrl＋E

合并可见图层：Ctrl＋Shift＋E

激活上一图层：Alt＋中括号(】)

激活下一图层：Alt＋中括号(【)

移至上一图层：Ctrl＋中括号(】)

移至下一图层：Ctrl＋中括号(【)

放大视窗：Ctrl＋"＋"

缩小视窗：Ctrl＋"－"

放大局部：Ctrl＋空格键＋鼠标单击

缩小局部：Alt＋空格键＋鼠标单击

**区域选择相关快捷键**

全选：Ctrl＋A

取消选择：Ctrl＋D

反选：Ctrl＋Shift＋I 或 Shift＋F7

选择区域移动：方向键

恢复到上一步：Ctrl＋Z

剪切选择区域：Ctrl＋X

复制选择区域：Ctrl＋C

粘贴选择区域：Ctrl＋V

轻微调整选区位置：Ctrl＋Alt＋方向键

复制并移动选区：Alt＋移动工具

增加图像选区：按住 Shift＋划选区

减少选区：按住 Alt＋划选区

相交选区：Shift＋Alt＋划选区

**前景色、背景色的设置快捷键**

填充为前景色：Alt＋Delete

填充为背景色：Ctrl＋Delete

将前景色、背景色设置为默认设置(前黑后白模式)：D

前背景色互换：X

**图像调整相关快捷键**

调整色阶工具：Ctrl＋L

调整色彩平衡：Ctrl＋B

调节色调/饱和度：Ctrl＋U

自由变性：Ctrl＋T

自动色阶：Ctrl＋Shift＋L

去色：Ctrl＋Shift＋U

**画笔调整相关快捷键**

增大笔头大小：中括号(】)

减小笔头大小：中括号(【)

选择最大笔头：Shift＋中括号(】)

选择最小笔头：Shift＋中括号(【)

使用画笔工具：B

**面板及工具使用相关快捷键**

翻屏查看：Page up/Page down

显示或隐藏虚线：Ctrl＋H

显示或隐藏网格：Ctrl＋"

取消当前命令：Esc

工具选项板：Enter

选项板调整：Shift＋Tab(可显示或隐藏常用选项面板,也可在单个选项面板上的各选项间进行调整)

关闭或显示工具面板(浮动面板)：Tab

获取帮助：F1

剪切选择区：F2(Ctrl＋X)

拷贝选择区域：F3(Ctrl＋C)

粘贴选择区域：F4(Ctrl＋V)

显示或关闭画笔选项板：F5

显示或关闭颜色选项板：F6

显示或关闭图层选项板：F7

显示或关闭信息选项板：F8

显示或关闭动作选项板：F9

由 IRCS 切换到 Photoshop 快捷键：Ctrl＋Shift＋M

快速图层蒙版模式：Q

渐变工具快捷键：G

矩形选框快捷键：M

**文件相关快捷键**

打开文件：Ctrl＋O

关闭文件：Ctrl＋W

文件存盘：Ctrl＋S

退出系统：Ctrl＋Q

# 参 考 文 献

1. 雷波. 精通 Photoshop 十大商业应用. 北京：中国电力出版社,2006.
2. 金昊. Photoshop CS6 数码照片处理白金手册. 北京：清华大学出版社,2013.
3. 李金明,李金荣. Photoshop CS6 数码照片处理白金手册完全自学教程. 北京：人民邮电出版社,2014.
4. 数字艺术教育研究室. 中文版 Photoshop CS6 基础培训教程. 北京：人民邮电出版社,2014.
5. 唯美映像. Photoshop CS6 平面设计自学视频教程. 北京：清华大学出版社,2015.
6. http://www.PSjia.com.
7. http://www.PSahz.com.
8. http://www.68PS.com.